"十三五"高等院校数字艺术精品课程规划教材

Illustrator CC 2019

全彩慕课版

核心应用案例教程

潘强 编著

U0191542

人民邮电出版社

北京

图书在版编目（CIP）数据

Illustrator CC 2019核心应用案例教程：全彩慕课版 / 潘强编著. -- 北京：人民邮电出版社，2020.9（2024.1重印）
"十三五"高等院校数字艺术精品课程规划教材
ISBN 978-7-115-53940-3

Ⅰ．①I… Ⅱ．①潘… Ⅲ．①图形软件－高等学校－教材 Ⅳ．①TP391.412

中国版本图书馆CIP数据核字（2020）第074178号

内 容 提 要

本书全面系统地介绍了 Illustrator CC 2019 的基本操作技巧和核心功能，包括 Illustrator 基础知识、常用工具、图层与蒙版、绘图、高级绘图、图表、特效和商业案例等内容。

本书内容均以课堂案例为主线，每个案例都有详细的操作步骤，使学生可以通过实际操作快速熟悉软件功能和艺术设计思路。每章的软件功能解析部分使学生能够深入学习软件功能和制作特色。主要章节的最后还安排了课堂练习和课后习题，可以提高学生对软件的实际应用能力。最后一章的商业案例可以帮助学生快速理解商业图形的设计理念和设计元素，顺利达到实战水平。

本书可作为高等院校、职业院校"Illustrator"相关课程的教材，也可作为初学者的自学参考用书。

◆ 编　著　潘　强
　　责任编辑　桑　珊
　　责任印制　王　郁　马振武

◆ 人民邮电出版社出版发行　北京市丰台区成寿寺路 11 号
　　邮编　100164　电子邮件　315@ptpress.com.cn
　　网址　https://www.ptpress.com.cn
　　北京印匠彩色印刷有限公司印刷

◆ 开本：787×1092　1/16
　　印张：14.25　　　　　2020 年 9 月第 1 版
　　字数：388 千字　　　2024 年 1 月北京第 10 次印刷

定价：69.80 元

读者服务热线：(010)81055256　印装质量热线：(010)81055316
反盗版热线：(010)81055315
广告经营许可证：京东市监广登字 20170147 号

Illustrator

Illustrator 简介

　　Illustrator 是由 Adobe 公司开发的矢量图形处理和编辑软件。它在插图设计、字体设计、广告设计、包装设计、界面设计、VI 设计、动漫设计、产品设计和服装设计等领域都有广泛的应用，其功能强大、易学易用，深受图形图像处理爱好者和平面设计人员的喜爱。目前，我国很多院校的艺术设计类专业，都将 Illustrator 作为一门重要的专业课程。本书邀请行业、企业专家和几位长期从事 Illustrator 教学的教师一起，从人才培养目标方面做好整体设计，明确专业课程标准，强化专业技能培养，安排教学内容；根据岗位技能要求，引入了企业真实案例，通过"慕课"等立体化的教学手段来支撑课堂教学。同时在内容编写方面，本书全面贯彻党的二十大精神，以社会主义核心价值观为引领，传承中华优秀传统文化，坚定文化自信，使内容更好体现时代性、把握规律性、富于创造性。

作者团队

　　新架构互联网设计教育研究院由顶尖商业设计师和院校资深教授创立，立足数字艺术教育 16 年，出版图书 270 余种，畅销 370 万册，其中《中文版 Illustrator 基础培训教程》销量超 30 万册。在书中，我们分享了大量的专业案例、配套资源、行业操作技巧和核心内容，为学习者提供了细致的学习安排、足量的知识、实用的方法、有价值的经验，助力学习者不断成长；并为教师提供了课程标准、授课计划、教案、PPT、案例、视频、题库、实训项目等一站式教学解决方案。

如何使用本书

Step1　　精选基础知识，快速上手 Illustrator

「绘图＋高级绘图＋图表＋特效」四大核心功能

5.1　绘制线段和网格

在平面设计中，直线和弧线是设计者经常使用的线型。使用"直线段"工具 ⁄ 和"弧形"工具 ⁄ 可以创建任意的直线和弧线，对其进行编辑和变形，可以得到更多复杂的图形对象。下面我们将详细讲解这些工具的使用方法。

5.1.1　课堂案例——绘制线性图标

文字＋视频
步骤详解

了解目标
和要点

　　【案例学习目标】学习使用线段和网格工具绘制线性图标。
　　【案例知识要点】使用矩形工具、"缩放"命令绘制装饰框；使用极坐标网格工具绘制圆环；使用矩形网格工具绘制网格；使用形状生成器工具、"路径查找器"命令制作线性图标。效果如图 5-1 所示。
　　【效果所在位置】云盘 /Ch05/ 效果 / 绘制线性图标 .ai。

扫码观看
本案例视频

扫码查看
扩展案例

　　（1）按 Ctrl+N 组合键，弹出"新建文档"对话框，设置文档的宽度为 800 px，高度为 600 px，取向为横向，颜色模式为 RGB，单击"创建"按钮，新建一个文档。
　　（2）选择"矩形"工具 ▢，在页面中单击鼠标左键，弹出"矩形"对话框，项的设置如图 5-2 所示。单击"确定"按钮，出现一个正方形。选择"选择"工具 ▶，拖曳正方形到适当的位置，效果如图 5-3 所示。

精选典型
商业案例

图 5-1　　　　　　　　　　图 5-2　　　　　　　　　　图 5-3

5.1.2　直线段工具

完成案例后，深入学习软件功能和制作方法

1. 拖曳鼠标绘制直线

　　选择"直线段"工具 ⁄，在页面中需要的位置单击并按住鼠标左键不放，拖曳指针到需要的位置，释放鼠标左键，绘制出一条任意角度的斜线，效果如图 5-29 所示。
　　选择"直线段"工具 ⁄，按住 Shift 键，在页面中需要的位置单击并按住鼠标左键不放，拖曳指针到需要的位置，释放鼠标左键，绘制出水平、垂直或 45° 角及其倍数的直线，效果如图 5-30 所示。
　　选择"直线段"工具 ⁄，按住 Alt 键，在页面中需要的位置单击鼠标并按住鼠标左键不放，拖曳指针到需要的位置，释放鼠标左键，绘制出以鼠标单击点为中心的直线（由单击点向两边扩展）。
　　选择"直线段"工具 ⁄，按住 ~ 键，在页面中需要的位置单击并按住鼠标左键不放，拖曳指针到需要的位置，释放鼠标左键，绘制出多条直线（系统自动设置），效果如图 5-31 所示。

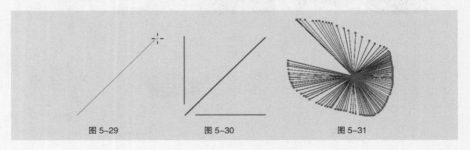

图 5-29　　　　　　　　　图 5-30　　　　　　　　　图 5-31

Step3　课堂练习 + 课后习题，拓展应用能力

分享更多
商业案例

5.4　课堂练习——绘制钱包插图

扫码可看详
细操作视频

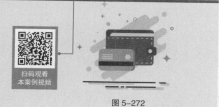

【练习知识要点】使用圆角矩形工具、矩形工具、"变换"控制面板、"描边"控制面板和椭圆工具绘制钱包；使用圆角矩形工具、矩形工具和多边形工具绘制卡片。效果如图 5-272 所示。

【效果所在位置】云盘 /Ch05/ 效果 /绘制钱包插图 .ai。

图 5-272

5.5　课后习题——绘制家居装修 App 图标

巩固本章
所学知识

【习题知识要点】使用椭圆工具、"缩放"命令、"路径查找器"命令和"偏移路径"命令绘制外轮廓；使用圆角矩形工具、钢笔工具、旋转工具和镜像工具绘制座椅图标；使用直线段工具、整形工具绘制弧线。效果如图 5-273 所示。

【效果所在位置】云盘 /Ch05/ 效果 / 绘制家居装修 App 图标 .ai。

图 5-273

Step4　综合实战，演练真实商业项目制作过程

图标设计

插画设计

卡片设计

海报设计

广告设计

杂志封面设计

书籍封面设计

标志设计

商品包装设计

VI 手册设计

配套资源及获取方式

- 所有案例的素材及最终效果文件。
- 全书 9 章 PPT 课件。
- 课程标准。
- 课程计划。
- 教学教案。
- 详尽的课堂练习和课后习题的操作步骤。

任课教师可登录人邮教育社区（www.ryjiaoyu.com），在本书页面中免费下载使用。

全书慕课视频，登录人邮学院网站（www.rymooc.com）或扫描封面上的二维码，使用手机号码完成注册，在首页右上角单击"学习卡"选项，输入封底刮刮卡中的激活码，即可在线观看视频；扫描书中二维码也可以使用手机观看视频。

教学指导

本书的参考学时为 60 学时，其中实训环节为 24 学时，各章的参考学时参见下面的学时分配表。

章	课程内容	学时分配（学时）	
		讲授	实训
第 1 章	初识 Illustrator CC 2019	2	
第 2 章	Illustrator 基础知识	2	
第 3 章	常用工具	4	4
第 4 章	图层与蒙版	2	2
第 5 章	绘图	6	4
第 6 章	高级绘图	6	4
第 7 章	图表	4	2
第 8 章	特效	4	2
第 9 章	商业案例	6	6
学时总计		36	24

本书约定

本书案例素材所在位置：章号 / 素材 / 案例名，如 Ch05/ 素材 / 绘制线性图标。

本书案例效果文件所在位置：章号 / 效果 / 案例名，如 Ch05/ 效果 / 绘制线性图标 .ai。

本书中关于颜色设置的表述，如红色（255、0、0），括号中的数字分别为其 R、G、B 的值。

本书中关于颜色设置的表述，如蓝色（100、100、0、0），括号中的数字分别为其 C、M、Y、K 的值。

由于作者水平有限，书中难免存在不妥之处，敬请广大读者批评指正。

课程介绍

编　者
2023 年 5 月

Illustrator

CONTENTS 目录

—01—

第1章 初识 Illustrator CC 2019

—02—

第2章 Illustrator 基础知识

Illustrator

—03—

第 3 章　常用工具

CONTENTS ——————————————— 目录

—04—

第4章 图层与蒙版

—05—

第5章 绘图

Illustrator

— 06 —

第 6 章 高级绘图

— 07 —

第 7 章 图表

CONTENTS 目录

─08─

第8章 特效

Illustrator

— 09 —

第 9 章　商业案例

01

第 1 章

初识 Illustrator CC 2019

▶ **本章介绍**

　　在学习 Illustrator CC 2019 软件之前，我们首先要了解 Illustrator，包含 Illustrator 的概念、Illustrator 的历史和应用领域。只有认识了 Illustrator 的软件特点和功能特色，才能更有效率地学习和运用 Illustrator CC 2019，从而为我们的工作和学习带来便利。

知识目标

● 了解 Illustrator 的概念。

● 了解 Illustrator 的历史。

● 掌握 Illustrator 的应用领域。

初识 Illustrator
CC 2019

1.1　Illustrator 概述

　　Adobe Illustrator，简称"AI"，是美国 Adobe 公司推出的专业矢量图形设计软件。AI 拥有强大的绘制和编辑图形的功能，广泛应用于插图设计、字体设计、广告设计、包装设计、界面设计、VI 设计、动漫设计、产品设计和服装设计等多个领域，深受专业插画师、商业设计师、数字图像艺术家、互联网在线内容制作者的喜爱。

1.2　Illustrator 的历史

　　Illustrator 的前身只是内部的字体开发和 PostScript 编辑软件，是在 1986 年为苹果公司的麦金塔计算机设计开发的。1987 年，Adobe 公司推出了 Illustrator 1.1 版本；1988 年，又在 Window 平台上推出了 2.0 版本。至此，Illustrator 才真正的起步。之后通过不断优化，新版本 Illustrator 的功能也越来越强大。

　　2003 年，Adobe 整合了公司旗下的设计软件，推出了 Adobe Creative Suit（Adobe 创意套装），如图 1-1 所示，简称 Adobe CS。Illustrator 也命名为 Illustrator CS，传统的维纳斯的软件图标也被更新为一朵艺术化的花朵，增加了创意软件的自然效果。之后 Adobe 公司陆续推出了 Illustrator CS2、CS3、CS4、CS5，2012 年推出了 Illustrator CS6，如图 1-2 所示。

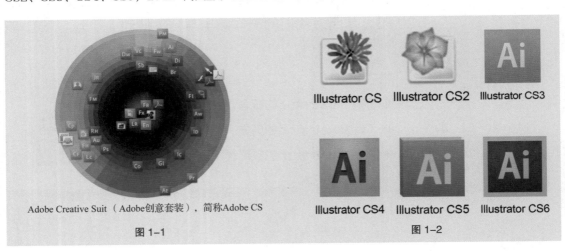

Adobe Creative Suit（Adobe创意套装），简称Adobe CS

图 1-1

Illustrator CS　Illustrator CS2　Illustrator CS3

Illustrator CS4　Illustrator CS5　Illustrator CS6

图 1-2

　　2013 年，Adobe 公司推出了 Adobe Creative Cloud（Adobe 创意云），简称 Adobe CC，Illustrator 也命名为 Illustrator CC，如图 1-3 所示。目前 Illustrator 的最新版本为 Illustrator CC 2020。

Adobe Creative Cloud（Adobe创意云），简称Adobe CC　　Illustrator CC

图 1-3

1.3 Illustrator 的应用领域

1.3.1 插画设计

现代插画艺术发展迅速，已经被广泛应用于互联网、广告、包装、报刊、杂志和纺织品领域。使用 Illustrator 绘制的插画简洁明快、独特新颖，已经成为最流行的插画表现形式，如图 1-4 所示。

图 1-4

1.3.2 字体设计

字体设计随着人类文明的发展而逐步成熟。根据字体设计的创意需求，设计者使用 Illustrator 可以设计制作出多样的字体，通过独特的字体设计将企业或品牌传达给受众，强化企业形象与品牌的诉求力，如图 1-5 所示。

图 1-5

1.3.3 广告设计

广告以多样的形式出现在大众生活中，通过互联网、手机、电视、报纸和户外灯箱等媒介来发布。使用 Illustrator 设计制作的广告具有更强的视觉冲击力，能够更好地传播和推广，如图 1-6 所示。

图 1-6

1.3.4 包装设计

在书籍装帧设计和产品包装设计中，Illustrator 对图像元素的绘制和处理也有独道之处，更可以完成产品包装平面模切图的绘制制作，是设计产品包装的必备利器，如图 1-7 所示。

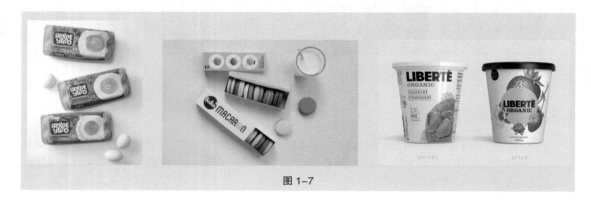

图 1-7

1.3.5 界面设计

随着互联网的普及，界面设计已经成为一个重要的设计领域，Illustrator 的应用也显得尤为重要。Illustrator 可以美化网页元素、制作各种细腻的质感和特效，已经成为界面设计的重要工具，如图 1-8 所示。

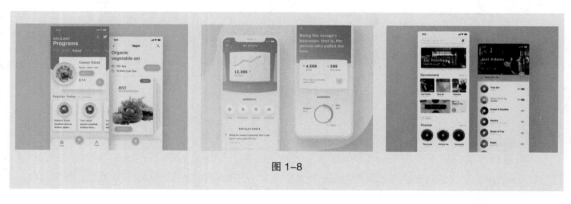

图 1-8

1.3.6　VI 设计

　　VI 是企业形象设计的整合。Illustrator 可以根据 VI 设计的创意构思，完成整套的 VI 设计制作工作，将企业理念、企业文化、企业规范等抽象概念进行充分的表达，以标准化、系统化、统一化的方式塑造良好的企业形象，如图 1-9 所示。

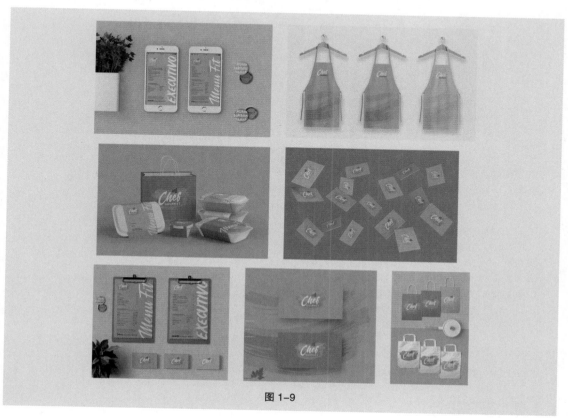

图 1-9

1.3.7　动漫设计

　　动漫设计是网络和数字技术发展的产物。动漫作品的创作需要很多的技术支撑。Illustrator 在前期的动画编辑和动画创作中起到了举足轻重的作用，如图 1-10 所示。

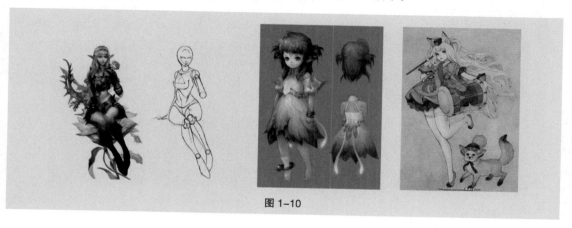

图 1-10

1.3.8　产品设计

在产品设计的效果图表现阶段，经常要使用 Illustrator 来实现效果图。利用 Illustrator 的强大功能可充分表现出产品功能上的优越性和产品细节，让产品能够赢得顾客，如图 1-11 所示。

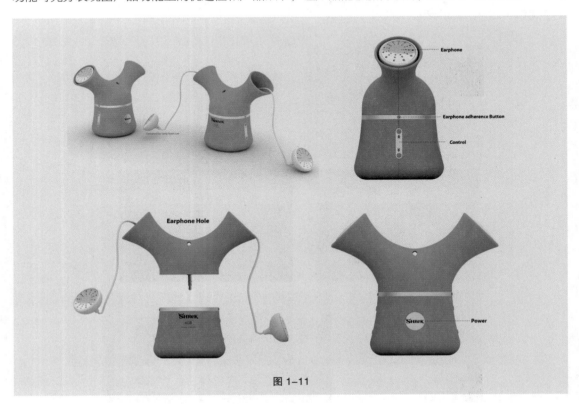

图 1-11

1.3.9　服装设计

随着科学与文明的进步，人类的艺术设计手段也在不断发展，服装艺术的表现形式也越来越丰富多彩。利用 Illustrator 绘制的服装设计图，可以让受众领略并感受服装本身的无穷魅力，如图 1-12 所示。

图 1-12

02

第2章

Illustrator 基础知识

▶ ## 本章介绍

本章将介绍 Illustrator CC 2019 的工作界面，以及矢量图和位图的概念。此外，还将介绍文件的基本操作和图像的显示效果。通过本章的学习，读者可以掌握 Illustrator CC 2019 的基本功能，为进一步学习好 Illustrator CC 2019 打下坚实的基础。

知识目标
- 了解 Illustrator CC 2019 的工作界面。
- 了解矢量图和位图的区别。
- 掌握显示图像效果的操作技巧。

技能目标
- 掌握文件的基本操作方法。
- 掌握标尺、参考线和网格的使用方法。
- 掌握撤销和恢复对象的操作方法。

Illustrator
基础知识

工作界面

Illustrator CC 2019 的工作界面主要由菜单栏、标题栏、工具箱、工具属性栏、控制面板、页面区域、滚动条、泊槽和状态栏等部分组成，如图 2-1 所示。

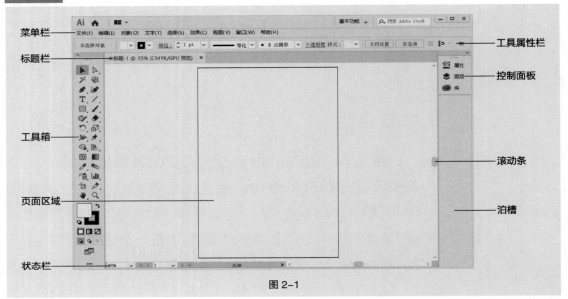

图 2-1

菜单栏：包括 Illustrator CC 2019 中所有的操作命令，主要包括 9 个主菜单，每一个菜单中又包括各自的子菜单，通过选择这些命令可以完成基本操作。

标题栏：标题栏左侧是当前运行程序的名称，右侧是控制窗口的按钮。

工具箱：包括 Illustrator CC 2019 中所有的工具，大部分工具还有其展开式工具栏，其中包括与该工具功能相似的工具，可以更方便、快捷地进行绘图与编辑。

工具属性栏：当选中工具箱中的一个工具后，会在 Illustrator CC 2019 的工作界面中出现该工具的属性栏。

控制面板：使用控制面板可以快速调出许多设置数值和调节功能的对话框，它是 Illustrator CC 2019 中最重要的组件之一。控制面板是可以折叠的，可根据需要分离或组合，非常灵活。

页面区域：指在工作界面的中间以黑色实线表示的矩形区域，这个区域的大小就是用户设置的页面大小。

滚动条：当屏幕内不能完全显示出整个文档的时候，可以通过拖曳滚动条来实现对整个文档的全部浏览。

泊槽：用来组织和存放控制面板。

状态栏：显示当前文档视图的显示比例，当前正在使用的工具、时间和日期等信息。

2.1.1 菜单栏及其快捷方式

熟练使用菜单栏能够快速、有效地绘制和编辑图像，达到事半功倍的效果。下面我们就来详细介绍菜单栏。

Illustrator CC 2019核心应用案例教程（全彩慕课版）

Illustrator CC 2019 中的菜单栏包含“文件”“编辑”“对象”“文字”“选择”“效果”“视图”“窗口”和“帮助”这 9 个菜单，如图 2-2 所示。每个菜单里又包含相应的子菜单。

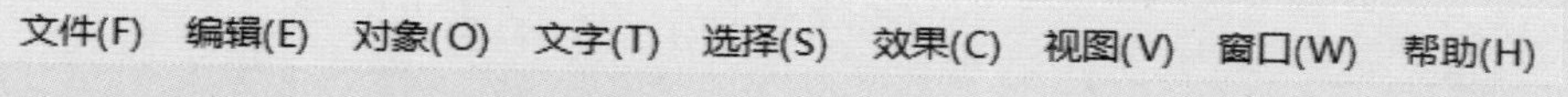

文件(F) 编辑(E) 对象(O) 文字(T) 选择(S) 效果(C) 视图(V) 窗口(W) 帮助(H)
图 2-2

每个下拉菜单的左边是命令的名称，在经常使用的命令右边是该命令的快捷组合键，要执行该命令，可以直接按下键盘上的快捷组合键，这样可以提高操作速度。例如，“选择 > 全部”命令的快捷组合键为 Ctrl+A。

有些命令的右边有一个黑色的箭头“>”，表示该命令还有相应的子菜单，用鼠标单击它，即可弹出其子菜单。有些命令的后面有省略号“...”，表示用鼠标单击该命令可以弹出相应的对话框，在对话框中可进行更详尽的设置。有些命令呈灰色，表示该命令在当前状态下为不可用，需要选中相应的对象或在合适的设置时，该命令才会变为黑色，呈可用状态。

选择工具
魔棒工具
钢笔工具
文字工具
矩形工具
铅笔工具
旋转工具
宽度工具
形状生成器工具
网格工具
吸管工具
符号喷枪工具
画板工具
抓手工具
填色
颜色
渐变
直接选择工具
套索工具
曲率工具
直线段工具
画笔工具
橡皮擦工具
比例缩放工具
操控变形工具
透视网格工具
渐变工具
混合工具
柱形图工具
切片工具
缩放工具
描边
无
绘图模式
更改屏幕模式
编辑工具栏
图 2-3

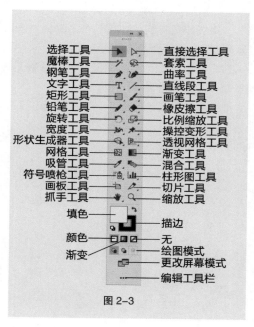

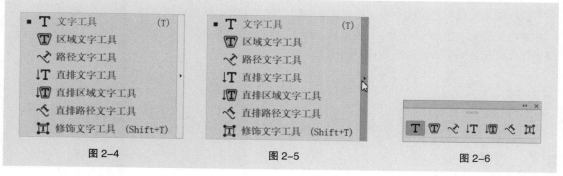

2.1.2 工具箱

Illustrator CC 2019 的工具箱内包括了大量具有强大功能的工具，这些工具可以使用户在绘制和编辑图像的过程中制作出更加精彩的效果。工具箱如图 2-3 所示。

工具箱中部分工具按钮的右下角带有一个黑色三角形“◢”，表示该工具还有展开工具组，用鼠标按住该工具不放，即可弹出展开工具组。如用鼠标按住文字工具 T，将展开文字工具组，如图 2-4 所示。用鼠标单击文字工具组右边的黑色三角形 ▸，如图 2-5 所示，文字工具组就从工具箱中分离出来，成为一个相对独立的工具栏，如图 2-6 所示。

文字工具 (T)
区域文字工具
路径文字工具
直排文字工具
直排区域文字工具
直排路径文字工具
修饰文字工具 (Shift+T)
图 2-4

文字工具 (T)
区域文字工具
路径文字工具
直排文字工具
直排区域文字工具
直排路径文字工具
修饰文字工具 (Shift+T)
图 2-5

图 2-6

下面我们分别介绍各个展开式工具组。

直接选择工具组：包括 2 个工具，直接选择工具和编组选择工具，如图 2-7 所示。

钢笔工具组：包括 4 个工具，钢笔工具、添加锚点工具、删除锚点工具和锚点工具，如图 2-8 所示。

文字工具组：包括 7 个工具，文字工具、区域文字工具、路径文字工具、直排文字工具、直排区域文字工具、直排路径文字工具和修饰文字工具，如图 2-9 所示。

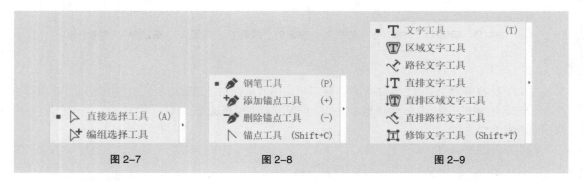

图 2-7　　　　　　　图 2-8　　　　　　　图 2-9

直线段工具组：包括 5 个工具，直线段工具、弧形工具、螺旋线工具、矩形网格工具和极坐标网格工具，如图 2-10 所示。

矩形工具组：包括 6 个工具，矩形工具、圆角矩形工具、椭圆工具、多边形工具、星形工具和光晕工具，如图 2-11 所示。

画笔工具组：包括 2 个工具，画笔工具和斑点画笔工具，如图 2-12 所示。

铅笔工具组：包括 5 个工具，Shaper 工具、铅笔工具、平滑工具、路径橡皮擦工具和连接工具，如图 2-13 所示。

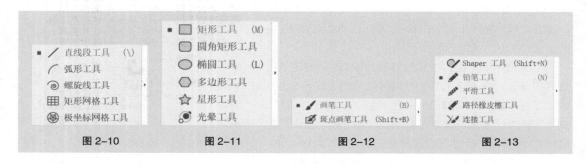

图 2-10　　　　　　图 2-11　　　　　　图 2-12　　　　　　图 2-13

橡皮擦工具组：包括 3 个工具，橡皮擦工具、剪刀工具和刻刀，如图 2-14 所示。

旋转工具组：包括 2 个工具，旋转工具和镜像工具，如图 2-15 所示。

比例缩放工具组：包括 3 个工具，比例缩放工具、倾斜工具和整形工具，如图 2-16 所示。

宽度工具组：包括 8 个工具，宽度工具、变形工具、旋转扭曲工具、缩拢工具、膨胀工具、扇贝工具、晶格化工具和皱褶工具，如图 2-17 所示。

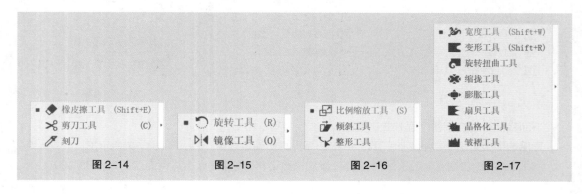

图 2-14　　　　　　图 2-15　　　　　　图 2-16　　　　　　图 2-17

操控变形工具组：包括 2 个工具，操控变形工具和自由变换工具，如图 2-18 所示。

形状生成器工具组：包括 3 个工具，形状生成器工具、实时上色工具和实时上色选择工具，如图 2-19 所示。

透视网格工具组：包括 2 个工具，透视网格工具和透视选区工具，如图 2-20 所示。

吸管工具组：包括 2 个工具，吸管工具和度量工具，如图 2-21 所示。

图 2-18 　　　　　　　　图 2-19 　　　　　　　　图 2-20 　　　　　　　　图 2-21

符号喷枪工具组：包括 8 个工具，符号喷枪工具、符号移位器工具、符号紧缩器工具、符号缩放器工具、符号旋转器工具、符号着色器工具、符号滤色器工具和符号样式器工具，如图 2-22 所示。

柱形图工具组：包括 9 个工具，柱形图工具、堆积柱形图工具、条形图工具、堆积条形图工具、折线图工具、面积图工具、散点图工具、饼图工具和雷达图工具，如图 2-23 所示。

切片工具组：包括 2 个工具，切片工具和切片选择工具，如图 2-24 所示。

抓手工具组：包括 2 个工具，抓手工具和打印拼贴工具，如图 2-25 所示。

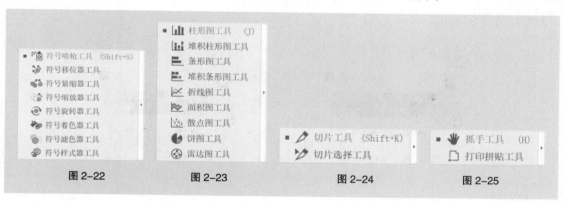

图 2-22 　　　　　　　　图 2-23 　　　　　　　　图 2-24 　　　　　　　　图 2-25

2.1.3　工具属性栏

在 Illustrator CC 2019 的工具属性栏可以快捷应用与所选对象相关的选项。工具属性栏根据所选工具和对象的不同来显示不同的选项，包括画笔、描边、样式等多个控制面板的功能。选择路径对象的锚点后，工具属性栏如图 2-26 所示；选择"文字"工具 T 后，工具属性栏如图 2-27 所示。

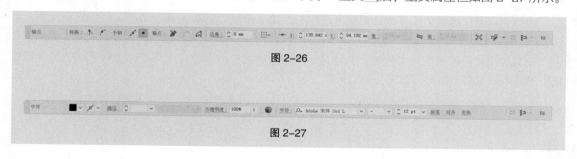

图 2-26

图 2-27

2.1.4 控制面板

　　Illustrator CC 2019 的控制面板位于工作界面的右侧，它包括许多实用、快捷的工具和命令。随着 Illustrator 软件功能的不断增强，控制面板也在不断改进，越来越合理，为用户绘制和编辑图像带来了更大的方便。

　　控制面板以组的形式出现，图 2-28 所示是其中的一组控制面板。用鼠标选中并按住"色板"控制面板的标题不放，如图 2-29 所示，向页面中拖曳，如图 2-30 所示。拖曳到控制面板组外时，释放鼠标左键，将形成独立的控制面板，如图 2-31 所示。

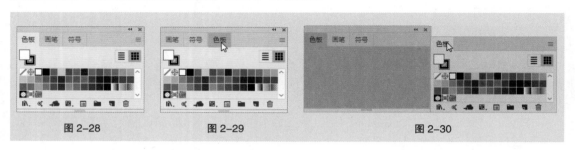

| 图 2-28 | 图 2-29 | 图 2-30 |

　　用鼠标单击控制面板右上角的"折叠为图标"按钮 ‹‹ 和"展开"按钮 ›› 可折叠或展开控制面板，效果如图 2-32 所示。用鼠标单击控制面板右下角的图标，并按住鼠标左键不放，拖曳鼠标可放大或缩小控制面板。

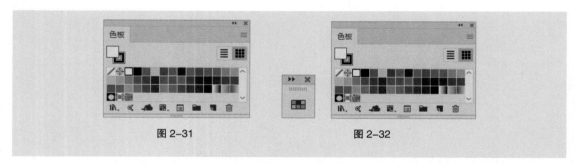

| 图 2-31 | 图 2-32 |

　　绘制图形图像时，我们经常需要选择不同的选项和数值，可以通过控制面板直接进行操作。通过选择"窗口"菜单中的各个命令可以显示或隐藏控制面板，这样可省去反复选择命令或关闭窗口的麻烦。控制面板为设置数值和修改命令提供了一个方便、快捷的平台，使软件的交互性更强。

2.1.5 状态栏

　　状态栏在工作界面的最下面，包括 4 个部分。第 1 部分的百分比表示当前文档的显示比例；第 2 部分是画板导航，可在画板间切换；第 3 部分显示当前使用的工具，当前的日期、时间，文件操作的还原次数和文档颜色配置文件等；右侧是滚动条，当绘制的图像过大不能完全显示时，可以通过拖曳滚动条浏览整个图像，如图 2-33 所示。

图 2-33

2.2　矢量图和位图

在计算机应用系统中，大致会应用两种图像，即位图图像与矢量图形。在 Illustrator CC 2019 中，我们不但可以制作出各式各样的矢量图形，还可以导入位图图像进行编辑。

位图图像也叫点阵图像，如图 2-34 所示，它是由许多单独的点组成的，这些点又称为像素点，每个像素点都有特定的位置和颜色值。位图图像的显示效果与像素点是紧密联系在一起的，不同排列和着色的像素点在一起组成了一幅色彩丰富的图像。像素点越多，图像的分辨率越高，相应地，图像的文件量也会随之增大。

Illustrator CC 2019 可以对位图进行编辑，除了可以使用变形工具对位图进行变形处理外，还可以通过复制工具，在画面上复制出相同的位图，制作更完美的作品。位图图像的优点是制作的图像色彩丰富；不足之处是文件量太大，而且在放大图像时图像会失真，图像边缘会出现锯齿，变得模糊不清。

矢量图形也叫向量图形，如图 2-35 所示，它是一种基于数学方法的绘图方式。矢量图形中的各种图形元素称为对象。每一个对象都是独立的个体，都具有大小、颜色、形状和轮廓等属性。在移动和改变它们的属性时，可以保持对象原有的清晰度和弯曲度。矢量图图形是由一条条的直线或曲线构成的，在填充颜色时，程序会按照指定的颜色沿曲线的轮廓边缘进行着色。

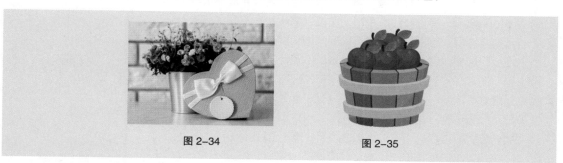

图 2-34　　　　　　　　　　　　图 2-35

矢量图形的优点是文件量较小，矢量图形的显示效果与分辨率无关，因此缩放图形时，对象会保持原有的清晰度及弯曲度，颜色和外观形状也都不会发生任何偏差和变形，不会产生失真的现象；不足之处是用矢量图形不易制作色调丰富的图像，绘制出来的图形无法像位图图像那样精确地描绘各种绚丽的景象。

2.3　文件的基本操作

在开始设计和制作平面设计作品前，需要掌握一些基本的文件操作方法。下面我们将介绍新建、打开、保存和关闭文件的基本方法。

2.3.1　新建文件

选择"文件 > 新建"命令（组合键为 Ctrl+N），弹出"新建文档"对话框，我们可根据需要单击上方的类别选项卡，选择需要的预设新建文档，如图 2-36 所示。在右侧的"预设详细信息"选项中可修改图像的名称、宽度和高度、分辨率和颜色模式等预设数值。设置完成后，单击"创建"按钮，即可建立一个新的文档。

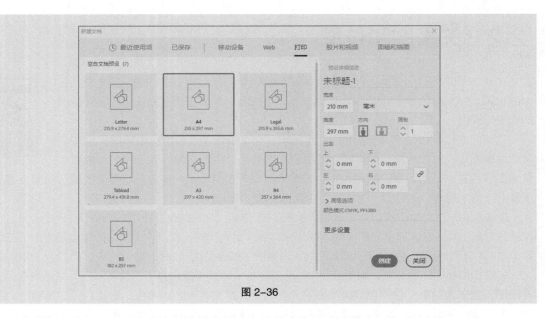

图 2-36

"名称"文本框：可以在文本框中输入新建文件的名称，默认状态下为"未标题－1"。

"宽度"和"高度"数值框：用于设置文件的宽度和高度的数值。

"单位"选项：设置文件所采用的单位，默认状态下为"毫米"。

"方向"选项：用于设置新建页面竖向或横向排列。

"画板"选项：可以设置页面中画板的数量。

"出血"选项：用于设置页面上、下、左、右的出血值。默认状态下，右侧为锁定状态 ⌽ ，可同时设置出血值；单击右侧的按钮，使其处于解锁状态 ⌽ ，可单独设置出血值。

单击"高级选项"左侧的箭头按钮 ❯ ，可以展开高级选项，如图 2-37 所示。

"颜色模式"选项：用于设置新建文件的颜色模式。

"光栅效果"选项：用于设置文件的栅格效果。

"预览模式"选项：用于设置文件的预览模式。

单击 更多设置 按钮，弹出"更多设置"对话框，如图 2-38 所示。

图 2-37   图 2-38

2.3.2　打开文件

选择"文件 > 打开"命令（组合键为 Ctrl+O），弹出"打开"对话框，如图 2-39 所示。在对话框中选择路径和要打开的文件，确认文件类型和名称，单击"打开"按钮，即可打开选择的文件。

2.3.3　保存文件

当用户第一次保存文件时，选择"文件 > 存储"命令（组合键为 Ctrl+S），会弹出"存储为"对话框，如图 2-40 所示。在对话框中输入要保存文件的名称，设置保存文件的路径、类型。设置完成后，单击"保存"按钮，即可保存文件。

当用户对图形文件进行了各种编辑操作并保存后，再选择"存储"命令时，将不弹出"存储为"对话框，计算机直接保留最终确认的结果，并覆盖原文件。因此，在未确定要放弃原始文件之前，应慎用此命令。

若既要保留修改过的文件，又不想放弃原文件，则可以用"存储为"命令。选择"文件 > 存储为"命令（组合键为 Shift+Ctrl+S），弹出"存储为"对话框。在这个对话框中，可以为修改过的文件重新命名，并设置文件的路径和类型。设置完成后，单击"保存"按钮，原文件依旧保留不变，修改过的文件被另存为一个新的文件。

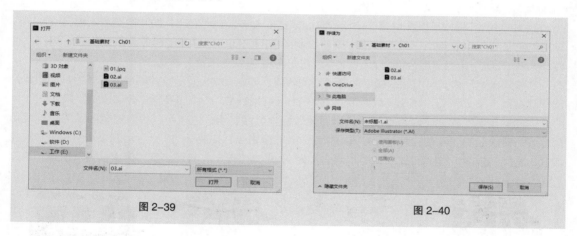

图 2-39　　　　　　　　　　　　　　　　　　　　图 2-40

2.3.4　关闭文件

选择"文件 > 关闭"命令（组合键为 Ctrl+W），如图 2-41 所示，可将当前文件关闭。"关闭"命令只有当有文件被打开时才呈现为可用状态。也可单击绘图窗口右上角的按钮 ✕ 来关闭文件。若当前文件被修改过或是新建的文件，那么在关闭文件的时候系统就会弹出一个提示框，如图 2-42 所示。单击"是"按钮即可先保存再关闭文件；单击"否"按钮即不保存文件的更改而直接关闭文件；单击"取消"按钮即取消关闭文件的操作。

图 2-41　　　　　　　　　　　　　　　　　图 2-42

2.4 图像的显示效果

图像的显示效果

在使用 Illustrator CC 2019 绘制和编辑图形图像的过程中，我们可以根据需要随时调整图形图像的显示模式和显示比例，以便对所绘制和编辑的图形图像进行观察和操作。

2.4.1 选择视图模式

Illustrator CC 2019 包括 5 种视图模式，即"CPU 预览""轮廓""GPU 预览""叠印预览"和"像素预览"。绘制图像的时候，我们可根据不同的需要选择不同的视图模式。

"CPU 预览"模式是系统默认的模式，图像显示效果如图 2-43 所示。

"轮廓"模式隐藏了图像的颜色信息，用线框轮廓来表现图像，这样在绘制图像时有很高的灵活性。我们可以根据需要，单独查看轮廓线，极大地节省了图像运算的速度，提高了工作效率。"轮廓"模式的图像显示效果如图 2-44 所示。如果当前图像为其他模式，选择"视图 > 轮廓"命令（组合键为 Ctrl+Y），将切换到"轮廓"模式；再选择"视图 > 在 CPU 上预览"命令（组合键为 Ctrl+Y），将切换到"CPU 预览"模式，可以预览彩色图稿。

"GPU 预览"模式可以在屏幕分辨率的高度或宽度大于 2000 像素时，按轮廓查看图稿。此模式下，轮廓的路径显示会更平滑，且可以缩短重新绘制图稿的时间。如果当前图像为其他模式，选择"视图 > GPU 预览"命令（组合键为 Ctrl+E），将切换到"GPU 预览"模式。

"叠印预览"模式可以显示接近油墨混合的效果，如图 2-45 所示。如果当前图像为其他模式，选择"视图 > 叠印预览"命令（组合键为 Alt+Shift+Ctrl+Y），将切换到"叠印预览"模式。

"像素预览"模式可以将绘制的矢量图像转换为位图显示，这样可以有效控制图像的精确度和尺寸等。转换后的图像在放大时会看见排列在一起的像素点，如图 2-46 所示。如果当前图像为其他模式，选择"视图 > 像素预览"命令（组合键为 Alt+Ctrl+Y），将切换到"像素预览"模式。

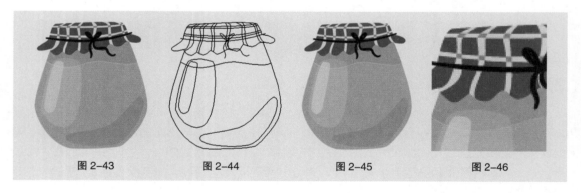

图 2-43　　　　　图 2-44　　　　　图 2-45　　　　　图 2-46

2.4.2 适合窗口大小和实际大小

1. 适合窗口大小显示图像

绘制图像时，我们可以选择"适合窗口大小"命令来显示图像，这时图像就会最大限度地显示在工作界面中并保持其完整性。

选择"视图 > 画板适合窗口大小"命令（组合键为 Ctrl+0），可以放大当前画板内容，图像显示的效果如图 2-47 所示。也可以用鼠标双击"抓手"工具，将图像调整为适合窗口大小显示。

选择"视图 > 全部适合窗口大小"命令（组合键为 Alt+Ctrl+0），可以查看窗口中的所有画板内容。

2. 显示图像的实际大小

"实际大小"命令可以将图像按 100% 的效果显示，在此状态下可以对文件进行精确的编辑。

选择"视图 > 实际大小"命令（组合键为 Ctrl+1），图像的显示效果如图 2-48 所示。

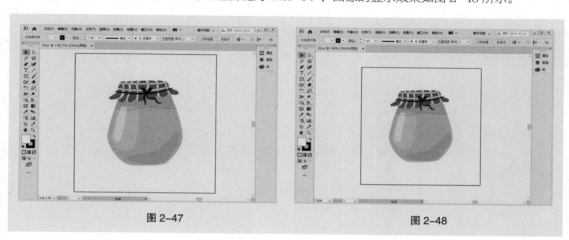

图 2-47   图 2-48

2.4.3　放大显示图像

选择"视图 > 放大"命令（组合键为 Ctrl+ +）可放大图像。每选择一次"放大"命令，页面内的图像就会被放大一级。例如，图像以 100% 的比例显示在屏幕上，选择"放大"命令一次，则变成 150%，再选择一次，则变成 200%，放大后的效果如图 2-49 所示。

也可使用缩放工具放大显示图像。选择"缩放"工具 🔍，在页面中鼠标指针会自动变为放大镜图标 🔍。每单击一次鼠标左键，图像就会放大一级。例如，图像以 100% 的比例显示在屏幕上，单击鼠标一次，则变成 150%，放大的效果如图 2-50 所示。

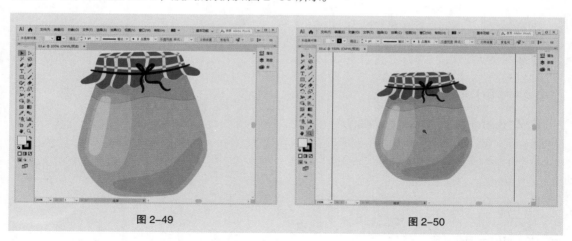

图 2-49   图 2-50

若要对图像的局部区域放大，则先选择"缩放"工具 🔍，然后把放大镜图标 🔍 定位在要放大的区域外，按住鼠标左键并拖曳，画出矩形框圈选所需的区域，如图 2-51 所示，然后释放鼠标左键，这个区域就会放大显示并填满图像窗口，如图 2-52 所示。

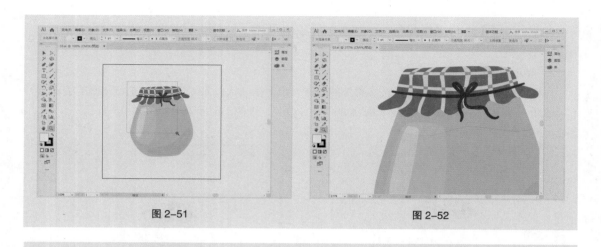

图 2-51   图 2-52

> **提示：** 如果当前正在使用其他工具，若要切换到缩放工具，按住 Ctrl+Spacebar（空格）
> 组合键即可。

使用状态栏也可放大显示图像。在状态栏中的百分比选项的数值框 `100%` 中直接输入需要放大的百分比数值，按 Enter 键即可执行放大操作。

还可使用"导航器"控制面板放大显示图像。单击面板右侧的"放大"按钮 ▲，可逐级地放大图像，如图 2-53 所示。在百分比选项的数值框中直接输入数值后，按 Enter 键也可以将图像放大，如图 2-54 所示。单击百分比选项右侧的按钮 ▼，在弹出的下拉列表中可以选择缩放比例。

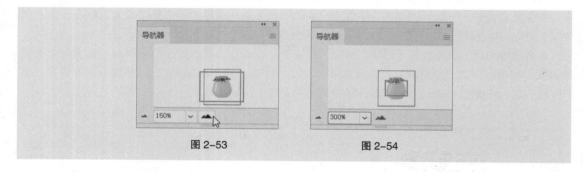

图 2-53   图 2-54

2.4.4 缩小显示图像

选择"视图 > 缩小"命令可缩小图像。每选择一次"缩小"命令，页面内的图像就会被缩小一级（或连续按 Ctrl+ - 组合键），效果如图 2-55 所示。

也可使用缩小工具缩小显示图像。选择"缩放"工具 🔍，在页面中鼠标指针会自动变为放大镜图标 🔍，按住 Alt 键，则屏幕上的图标变为缩小工具图标 🔍。按住 Alt 键不放，单击图像一次，图像就会缩小一级。

图 2-55

> **提示：** 在使用其他工具时，若要切换到缩小工具，可以按 Alt+Ctrl+Spacebar（空格）组合键。

使用状态栏也可缩小显示图像。在状态栏中的百分比选项的数值框 100% 中直接输入需要缩小的百分比数值，按 Enter 键即可执行放大操作。

还可使用"导航器"控制面板缩小显示图像。单击面板左侧的"缩小"按钮，可逐级地缩小图像。在百分比选项的数值框中直接输入数值后，按 Enter 键也可以将图像缩小。单击百分比选项右侧的按钮，在弹出的下拉列表中可以选择缩放比例。

2.4.5 全屏显示图像

全屏显示图像，可以更好地观察图像的完整效果。全屏显示图像有以下几种方法。

单击工具箱下方的屏幕模式转换按钮，可以在 3 种模式之间相互转换，即正常屏幕模式、带有菜单栏的全屏模式和全屏模式。按 F 键也可切换屏幕显示模式。

正常屏幕模式：如图 2-56 所示，这种屏幕显示模式包括标题栏、菜单栏、工具箱、工具属性栏、控制面板、状态栏和打开文件的标题栏。

带有菜单栏的全屏模式：如图 2-57 所示，这种屏幕显示模式包括菜单栏、工具箱、工具属性栏和控制面板。

图 2-56

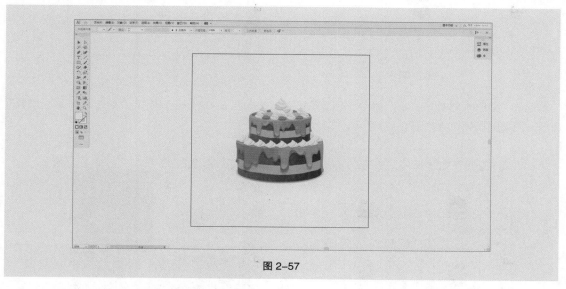

图 2-57

全屏模式：如图 2-58 所示，这种屏幕只显示页面。按 Tab 键，可以调出菜单栏、工具箱、工具属性栏和控制面板（见图 2-57）。

演示文稿模式：图稿作为演示文稿显示。按 Shift+F 组合键，可以切换至演示文稿模式，如图 2-59 所示。

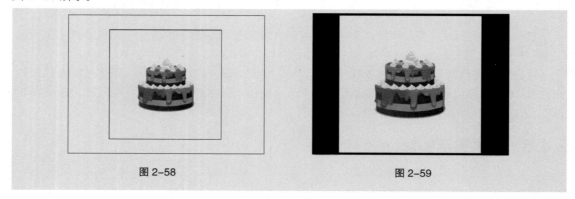

图 2-58　　　　　　　　　　　　　　　　图 2-59

2.4.6　图像窗口显示

当用户打开多个文件时，屏幕会出现多个图像文件窗口，这就需要对窗口进行布置和摆放。

同时打开多幅图像，效果如图 2-60 所示。选择"窗口 > 排列 > 全部在窗口中浮动"命令，图像就会都浮动排列在界面中，如图 2-61 所示。此时，可对图像进行层叠、平铺的操作。选择"合并所有窗口"命令，可将所有图像再次合并到选项卡中。

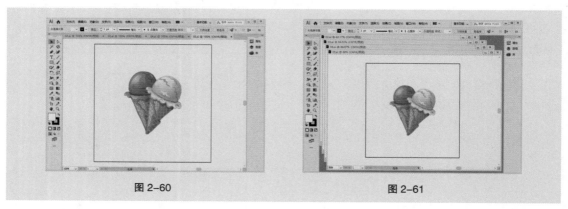

图 2-60　　　　　　　　　　　　　　　　图 2-61

选择"窗口 > 排列 > 平铺"命令，图像的排列效果如图 2-62 所示。选择"窗口 > 排列 > 层叠"命令，图像的排列效果如图 2-63 所示。

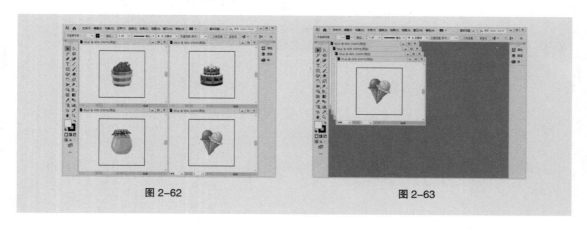

图 2-62　　　　　　　　　　　　　　　　图 2-63

2.4.7　观察放大图像

选择"缩放"工具，当页面中鼠标指针变为放大镜图标后，放大图像，图像周围会出现滚动条。选择"抓手"工具，当图像中鼠标指针变为手形图标时，按住鼠标左键在放大的图像中拖曳，可以观察图像的每个部分，如图 2-64 所示。还可直接用鼠标拖曳图像周围的水平或垂直滚动条，以观察图像的每个部分，效果如图 2-65 所示。

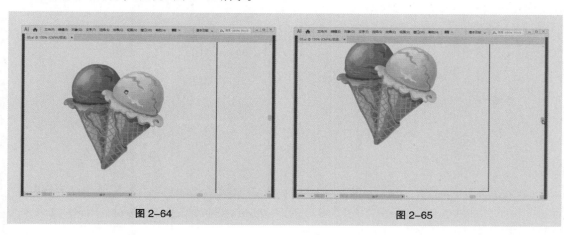

图 2-64　　　　　　　　　　　　　　　图 2-65

提示：如果正在使用其他工具进行操作，按住 Spacebar（空格）键，可以转换为手形图标。

2.5　标尺、参考线和网格的使用

Illustrator CC 2019 提供了标尺、参考线和网格等工具，利用这些工具可以帮助我们对所绘制和编辑的图形图像精确定位，还可测量图形图像的准确尺寸。

标尺、参考线
和网格的使用

2.5.1　标尺

选择"视图 > 标尺 > 显示标尺"命令（组合键为 Ctrl+R），显示出标尺，效果如图 2-66 所示。如果要将标尺隐藏，可以选择"视图 > 标尺 > 隐藏标尺"命令（组合键为 Ctrl+R）。

如果需要设置标尺的显示单位，则选择"编辑 > 首选项 > 单位"命令，弹出"首选项"对话框，如图 2-67 所示，可以在"常规"选项的下拉列表中设置标尺的显示单位。

图 2-66

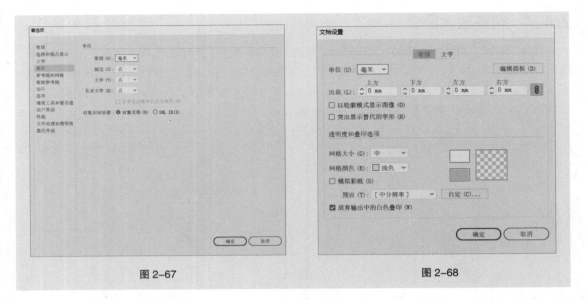

图 2-67   图 2-68

如果仅需要对当前文件设置标尺的显示单位,则选择"文件 > 文档设置"命令,弹出"文档设置"对话框,如图 2-68 所示,可以在"单位"选项的下拉列表中设置标尺的显示单位。用这种方法设置的标尺单位对以后新建立的文件标尺单位不起作用。

在系统默认的状态下,标尺的坐标原点在工作页面的左下角。如果想要更改坐标原点的位置,单击水平标尺与垂直标尺的交点并将其拖曳到页面中,释放鼠标,即可将坐标原点设置在此处。如果想要恢复标尺原点的默认位置,双击水平标尺与垂直标尺的交点即可。

2.5.2　参考线

如果想要添加参考线,可以用鼠标在水平或垂直标尺上向页面中拖曳参考线,还可根据需要将图形或路径转换为参考线。

选中要转换的路径,如图 2-69 所示,选择"视图 > 参考线 > 建立参考线"命令(组合键为 Ctrl+5),将选中的路径转换为参考线,如图 2-70 所示。选择"视图 > 参考线 > 释放参考线"命令(组合键为 Alt+Ctrl+5),可以将选中的参考线转换为路径。

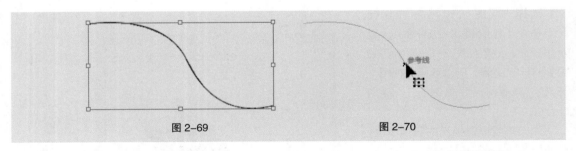

图 2-69   图 2-70

选择"视图 > 参考线 > 隐藏参考线"命令(组合键为 Ctrl+;),可以将参考线隐藏。

选择"视图 > 参考线 > 锁定参考线"命令(组合键为 Alt+Ctrl+;),可以将参考线锁定。

选择"视图 > 参考线 > 清除参考线"命令,可以清除参考线。

选择"视图 > 智能参考线"命令(组合键为 Ctrl+U),可以显示智能参考线。当图形移动或旋转到一定角度时,智能参考线就会高亮显示并给出提示信息。

2.5.3 网格

选择"视图 > 显示网格"命令（组合键为 Ctrl+"），即可显示出网格，如图 2-71 所示。选择"视图 > 隐藏网格"命令（组合键为 Ctrl+"），可将网格隐藏。

如果需要设置网格的颜色、样式、间隔等属性，选择"编辑 > 首选项 > 参考线和网格"命令，弹出"首选项"对话框，如图 2-72 所示，可在其中进行设置。

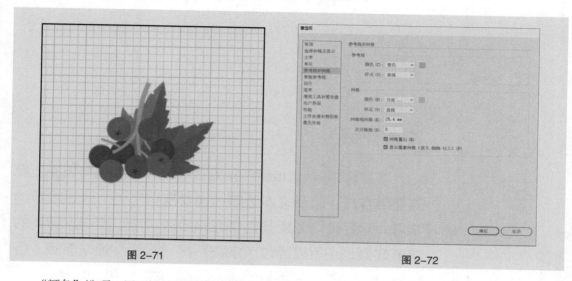

图 2-71   图 2-72

"颜色"选项：用于设置网格的颜色。

"样式"选项：用于设置网格的样式，包括线和点。

"网格线间隔"数值框：用于设置网格线的间距。

"次分隔线"数值框：用于细分网格线的多少。

"网格置后"选项：用于设置网格线显示在图形的上方或下方。

"显示像素网格"选项：在"像素预览"模式下，当图形放大到 600% 以上时，可查看像素网格。

2.6 撤销和恢复操作

在设计制作的过程中，我们可能会进行错误的操作，这时就需要撤销该操作。下面我们来介绍撤销和恢复对象的操作。

2.6.1 撤销对象的操作

选择"编辑 > 还原"命令（组合键为 Ctrl+Z），可以撤销上一次的操作。连续按 Ctrl+Z 组合键，可以连续撤销原来的操作。

2.6.2 恢复对象的操作

选择"编辑 > 重做"命令（组合键为 Shift+Ctrl+Z），可以恢复上一次的操作。如果连续按两次 Shift+Ctrl+Z 组合键，即恢复两步操作。

撤销和恢复操作

03

第3章
常用工具

▶ 本章介绍

　　本章将讲解 Illustrator CC 2019 中编辑与填充工具的使用方法，以及文本编辑和图文混排功能。通过本章的学习，读者可以利用颜色填充和描边功能，绘制出漂亮的图形效果，还可以通过"字符"和"段落"控制面板、各种外观和样式属性制作出绚丽多彩的文本效果。

知识目标

- 掌握选择工具组的使用方法。
- 掌握使用变换工具编辑对象的技巧。
- 掌握不同的填充方法和技巧。
- 掌握不同类型文字的输入和编辑技巧。

技能目标

- 掌握"生活小图标"的组合方法。
- 掌握"时尚图案"的拼合方法。
- 掌握"风景插画"的绘制方法。
- 掌握"文字海报"的制作方法。

常用工具

3.1 选择工具组

Illustrator CC 2019 提供了 5 种选择工具，包括"选择"工具 ▶、"直接选择"工具 ▷、"编组选择"工具 ▷⁺、"魔棒"工具 ✦ 和"套索"工具 ◎。它们都位于工具箱的上方，如图 3-1 所示。

"选择"工具 ▶：通过单击路径上的一点或一部分来选择整个路径。

"直接选择"工具 ▷：可以选择路径上独立的节点或线段，并显示出路径上的所有方向线以便于调整。

"编组选择"工具 ▷⁺：可以单独选择组合对象中的个别对象。

"魔棒"工具 ✦：可以选择具有相同笔画或填充属性的对象。

"套索"工具 ◎：可以选择路径上独立的节点或线段。
在直接选取套索工具拖动时，经过轨迹上的所有路径将被同时选中。

编辑一个对象之前，首先要选中这个对象。对象刚建立时一般呈选取状态，对象的周围出现矩形圈选框，矩形圈选框是由 8 个控制手柄组成的，对象的中心有一个"■"形的中心标记。对象矩形圈选框的示意图如图 3-2 所示。

当选取多个对象时，可以多个对象共有一个矩形圈选框。多个对象的选取状态如图 3-3 所示。要取消对象的选取状态，只要在绘图页面上的其他位置单击鼠标即可。

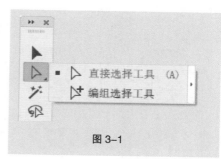

图 3-1

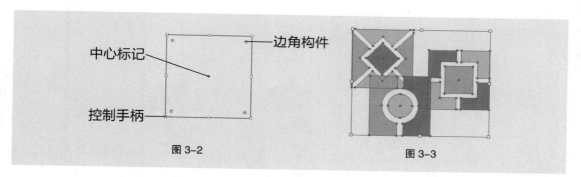

中心标记

控制手柄

边角构件

图 3-2   图 3-3

3.1.1 课堂案例——组合生活小图标

【案例学习目标】学习使用选择类工具组合生活小图标。

【案例知识要点】使用选择工具移动图形；使用直接选择工具调整圆角矩形的锚点；使用编组选择工具复制编组后的对象。组合生活小图标的效果如图 3-4 所示。

【效果所在位置】云盘 /Ch03/ 效果 / 组合生活小图标 .ai。

扫码观看本案例视频   扫码查看扩展案例

（1）按 Ctrl+O 组合键，打开云盘中的"Ch03 > 素材 > 组合生活小图标 > 01"文件，如图 3-5 所示。

（2）选择"选择"工具 ▶，将鼠标指针移动到绿色圆角矩形上，指针变为 ▶ 图标，如图 3-6 所示。单击鼠标左键选取绿色圆角矩形，指针变为 ▶ 图标，如图 3-7 所示。

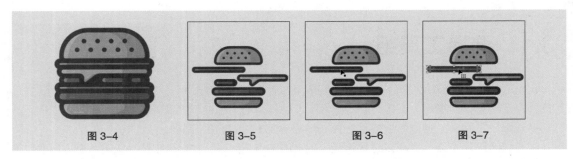

图 3-4   图 3-5   图 3-6   图 3-7

（3）按住鼠标并向右上拖曳绿色圆角矩形到适当的位置，如图 3-8 所示，松开鼠标左键后，效果如图 3-9 所示。选择"选择"工具 ▶，单击并选中不规则图形，如图 3-10 所示。

（4）按住鼠标并向左上拖曳不规则图形到适当的位置，如图 3-11 所示，松开鼠标左键后，效果如图 3-12 所示。

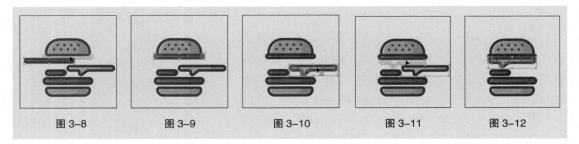

图 3-8   图 3-9   图 3-10   图 3-11   图 3-12

（5）选择"选择"工具 ▶，单击并选中下方红色圆角矩形，如图 3-13 所示。按住 Alt+Shift 组合键的同时，水平向右拖曳红色圆角矩形到适当的位置，如图 3-14 所示，松开鼠标左键后，会复制一个红色圆角矩形，如图 3-15 所示。

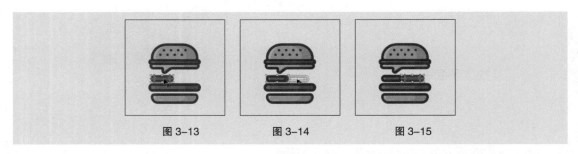

图 3-13   图 3-14   图 3-15

（6）选择"直接选择"工具 ▷，用框选的方法将红色圆角矩形右侧的锚点同时选取，如图 3-16 所示。按←键，微移锚点，如图 3-17 所示。用相同的方法再复制一个圆角矩形，并调整其锚点，效果如图 3-18 所示。

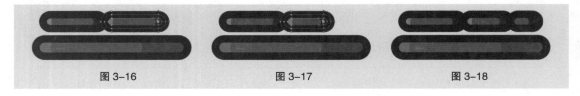

图 3-16   图 3-17   图 3-18

（7）选择"选择"工具 ▶，用框选的方法将需要的图形同时选取，如图 3-19 所示。按住鼠标并向上拖曳图形到适当的位置，如图 3-20 所示，松开鼠标左键后，效果如图 3-21 所示。

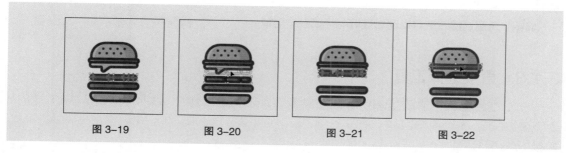

图 3-19　　　　　图 3-20　　　　　图 3-21　　　　　图 3-22

（8）选择"选择"工具 ，单击并选中上方绿色圆角矩形，如图 3-22 所示。按住 Alt+Shift 组合键的同时，垂直向下拖曳绿色圆角矩形到适当的位置，如图 3-23 所示，松开鼠标左键后，会复制一个绿色圆角矩形，如图 3-24 所示。

（9）用相同的方法选中并移动其他图形，效果如图 3-25 所示。选择"编组选择"工具 ，单击并选中圆形，如图 3-26 所示。按住 Alt+Shift 组合键的同时，水平向右拖曳圆形到适当的位置。松开鼠标左键后，会复制一个圆形，效果如图 3-27 所示。生活小图标组合完成。

图 3-23　　　　图 3-24　　　　　图 3-25　　　　　　图 3-26　　　　　　图 3-27

3.1.2　选择工具

选择"选择"工具 ，当鼠标指针移动到对象或路径上时，指针变为" "图标，如图 3-28 所示；当鼠标指针移动到节点上时，指针变为" "图标，如图 3-29 所示。单击鼠标左键即可选取对象，指针变为" "图标，如图 3-30 所示。

图 3-28　　　　　　图 3-29　　　　　　图 3-30

提示：**按住 Shift 键，分别在要选取的对象上单击鼠标左键，即可连续选取多个对象。**

选择"选择"工具 ，用鼠标在绘图页面中要选取的对象外围单击并拖曳鼠标，拖曳后会出现一个灰色的矩形圈选框，如图 3-31 所示。用矩形圈选框圈选住整个对象后释放鼠标，这时被圈选的对象处于选取状态，如图 3-32 所示。

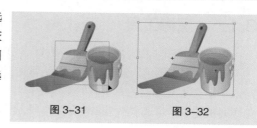

图 3-31　　　　　　图 3-32

3.1.3 直接选择工具

选择"直接选择"工具 ▷，用鼠标单击对象可以选取整个对象，如图 3-33 所示。在对象的某个节点上单击，该节点将被选中，如图 3-34 所示。选中该节点不放，向下拖曳，将改变对象的形状，如图 3-35 所示。

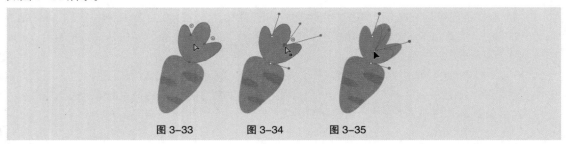

图 3-33　　　　图 3-34　　　　图 3-35

也可使用"直接选择"工具 ▷ 圈选对象。使用"直接选择"工具 ▷ 拖曳出一个矩形圈选框，在框中的所有对象将被同时选取。

3.1.4 编组选择工具

"编组选择"工具可以单独选择组合对象中的个别对象，而不改变其他对象的状态。

打开一个组合后的文件，如图 3-36 所示。选择"编组选择"工具 ▷，用鼠标单击要移动的对象，如图 3-37 所示，按住鼠标左键不放，向右拖曳对象到合适的位置，松开鼠标后，效果如图 3-38 所示，可见其他的对象并没有变化。

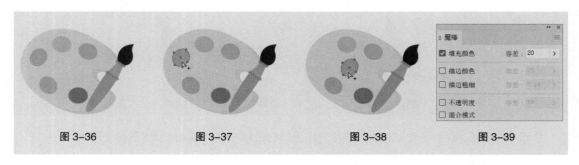

图 3-36　　　　　　图 3-37　　　　　　　　图 3-38　　　　　　图 3-39

3.1.5 魔棒工具

双击"魔棒"工具 ✦，弹出"魔棒"控制面板，如图 3-39 所示。

勾选"填充颜色"复选项，可以使填充相同颜色的对象同时被选中；勾选"描边颜色"复选项，可以使填充相同描边的对象同时被选中；勾选"描边粗细"复选项，可以使填充相同笔画宽度的对象同时被选中；勾选"不透明度"复选项，可以使相同透明度的对象同时被选中；勾选"混合模式"

复选项，可以使相同混合模式的对象同时被选中。

　　绘制 3 个图形，如图 3-40 所示。"魔棒"控制面板的设定如图 3-41 所示。使用"魔棒"工具 ✐，单击左边的对象，那么填充相同颜色的对象都会被选取，效果如图 3-42 所示。

图 3-40　　　　　　　　　　图 3-41　　　　　　　　　　图 3-42

　　绘制 3 个图形，如图 3-43 所示。"魔棒"控制面板的设定如图 3-44 所示。使用"魔棒"工具 ✐，单击左边的对象，那么填充相同描边颜色的对象都会被选取，如图 3-45 所示。

图 3-43　　　　　　　　　　图 3-44　　　　　　　　　　图 3-45

3.1.6　套索工具

　　选择"套索"工具 ⬭，在对象的外围单击并按住鼠标左键，拖曳鼠标绘制一个套索圈，如图 3-46 所示。释放鼠标左键，对象被选取，效果如图 3-47 所示。

　　选择"套索"工具 ⬭，在绘图页面中的对象外围单击并按住鼠标左键，拖曳鼠标在对象上绘制出一条套索线，绘制的套索线必须经过对象，效果如图 3-48 所示。套索线经过的对象将同时被选中，效果如图 3-49 所示。

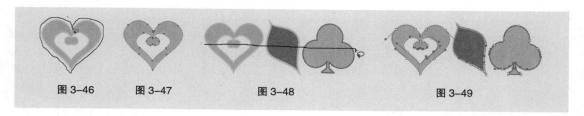

图 3-46　　　图 3-47　　　　　　图 3-48　　　　　　　　图 3-49

3.2　变换工具组

　　Illustrator CC 2019 提供了强大的对象编辑功能。这一节中我们将讲解编辑对象的方法，其中包括对象的旋转、镜像、比例缩放、倾斜等。

3.2.1 课堂案例——拼合时尚图案

【案例学习目标】学习使用变换类工具拼合时尚图案。

【案例知识要点】使用旋转工具、比例缩放工具和圆角命令制作菱形；使用镜像工具翻转图形。拼合时尚图案的效果如图 3-50 所示。

【效果所在位置】云盘 /Ch03/ 效果 / 拼合时尚图案 .ai。

扫码观看　扫码查看
本案例视频　扩展案例

图 3-50

（1）按 Ctrl+N 组合键，新建一个文档，设置文档的宽度为 160mm，高度为 170mm，取向为竖向，颜色模式为 CMYK，单击"确定"按钮。

（2）选择"矩形"工具 ▢，绘制一个与页面大小相等的矩形，设置填充色为浅粉色（0、12、18、0），填充图形，并设置描边色为无，效果如图 3-51 所示。按 Ctrl+2 组合键，锁定所选对象。

（3）按 Ctrl+O 组合键，打开云盘中的"Ch03 > 素材 > 拼合时尚图案 > 01"文件，选择"选择"工具 ▶，选取需要的图形，按 Ctrl+C 组合键，复制图形。选择正在编辑的页面，按 Ctrl+V 组合键，将其粘贴到页面中，并拖曳复制的图形到适当的位置，效果如图 3-52 所示。

（4）选择"选择"工具 ▶，选取正方形，双击"旋转"工具 ↻，弹出"旋转"对话框，选项的设置如图 3-53 所示。单击"确定"按钮，效果如图 3-54 所示。

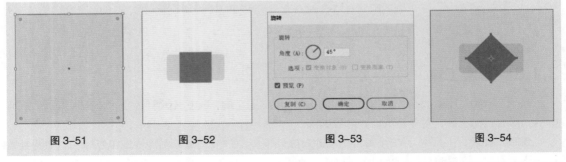

图 3-51　　　　　图 3-52　　　　　图 3-53　　　　　图 3-54

（5）双击"比例缩放"工具 ▧，弹出"比例缩放"对话框，点选"不等比"单选项，其他选项的设置如图 3-55 所示。单击"确定"按钮，效果如图 3-56 所示。

（6）选择"效果 > 风格化 > 圆角"命令，在弹出的对话框中进行设置，如图 3-57 所示。单击"确定"按钮，效果如图 3-58 所示。

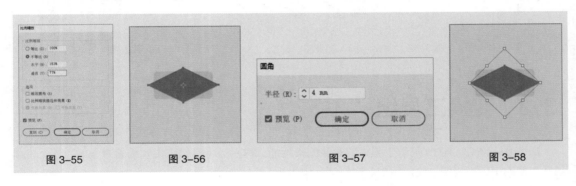

图 3-55　　　　　图 3-56　　　　　图 3-57　　　　　图 3-58

（7）选择"01"文件，选择"选择"工具 ▶，选取需要的图形，按 Ctrl+C 组合键，复制图形。选择正在编辑的页面，按 Ctrl+V 组合键，将其粘贴到页面中，并拖曳复制的图形到适当的位置，效果如图 3-59 所示。

（8）双击"镜像"工具 ◁▷，弹出"镜像"对话框，选项的设置如图 3-60 所示。单击"复制"按钮，镜像并复制图形。选择"选择"工具 ▶，按住 Shift 键的同时，水平向右拖曳复制图形到适当的位置，效果如图 3-61 所示。

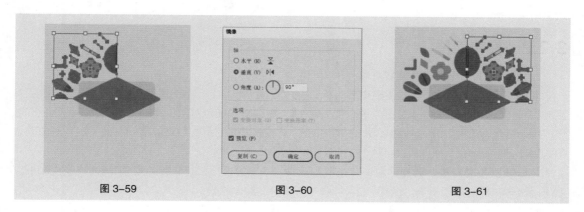

图 3-59　　　　　　　　　　图 3-60　　　　　　　　　　图 3-61

（9）选择"01"文件，选择"选择"工具 ▶，选取需要的图形，按 Ctrl+C 组合键，复制图形。选择正在编辑的页面，按 Ctrl+V 组合键，将其粘贴到页面中，并拖曳复制的图形到适当的位置并调整其大小，效果如图 3-62 所示。用框选的方法选取需要的图形，如图 3-63 所示。

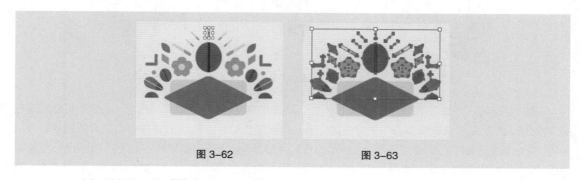

图 3-62　　　　　　　　　　　　图 3-63

（10）选择"镜像"工具 ◁▷，按住 Alt 键的同时，在菱形中心位置单击，如图 3-64 所示，弹出"镜像"对话框，选项的设置如图 3-65 所示。单击"复制"按钮，效果如图 3-66 所示。

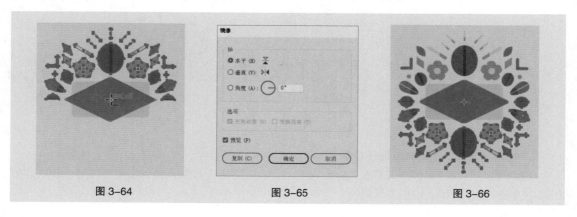

图 3-64　　　　　　　　　　图 3-65　　　　　　　　　　图 3-66

（11）选择"01"文件，选择"选择"工具▶，选取需要的文字和图形，按 Ctrl+C 组合键，复制文字和图形。选择正在编辑的页面，按 Ctrl+V 组合键，将其粘贴到页面中，并拖曳复制的文字和图形到适当的位置，效果如图 3-67 所示。取消图形选取状态，时尚图案拼合完成，效果如图 3-68 所示。

图 3-67 　　　　图 3-68

3.2.2　旋转工具

1. 使用工具箱中的工具旋转对象

使用"选择"工具▶选取要旋转的对象，将鼠标指针移动到旋转控制手柄上，这时的指针变为旋转符号"↰"，如图 3-69 所示。按下鼠标左键，拖动鼠标旋转对象，旋转时对象会出现蓝色的虚线，指示旋转方向和角度，效果如图 3-70 所示。旋转到需要的角度后释放鼠标左键，旋转对象的效果如图 3-71 所示。

选取要旋转的对象，选择"自由变换"工具▦，对象的四周出现控制柄。用鼠标拖曳控制柄，就可以旋转对象。此工具与"选择"工具▶的使用方法类似。

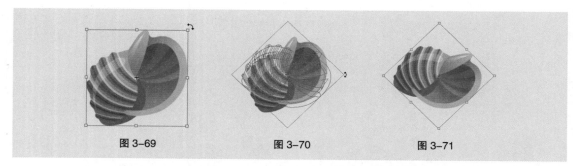

图 3-69　　　　　　图 3-70　　　　　　图 3-71

选取要旋转的对象，选择"旋转"工具◯，对象的四周出现控制柄，用鼠标拖曳控制柄就可以旋转对象。对象是围绕旋转中心✧来旋转的，Illustrator CC 2019 默认的旋转中心是对象的中心点。可以通过改变旋转中心来使对象旋转到新的位置，将鼠标指针移动到旋转中心上，按下鼠标左键拖曳旋转中心到需要的位置，如图 3-72 所示，再用鼠标拖曳图形进行旋转，如图 3-73 所示。改变旋转中心后旋转对象的效果如图 3-74 所示。

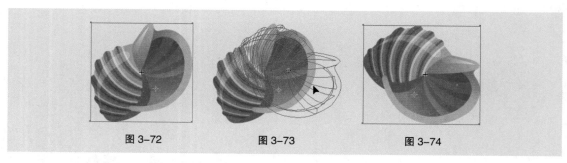

图 3-72　　　　　　图 3-73　　　　　　图 3-74

2. 使用"变换"控制面板旋转对象

选择"窗口 > 变换"命令，弹出"变换"控制面板。"变换"控制面板的使用方法与"比例缩放"工具中的使用方法相同，这里不再赘述。

3. 使用菜单命令旋转对象

选择"对象 > 变换 > 旋转"命令或双击"旋转"工具 ⟳，弹出"旋转"对话框，如图 3-75 所示。在对话框中，通过"角度"数值框可以设置对象旋转的角度。勾选"变换对象"复选项，旋转的对象不是图案；勾选"变换图案"复选项，旋转的对象是图案。"复制"按钮用于在原对象上复制一个旋转对象。

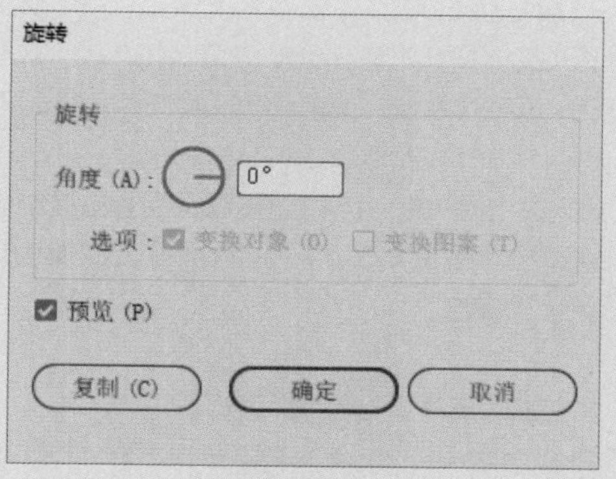

图 3-75

3.2.3 镜像工具

在 Illustrator CC 2019 中可以快速而精确地进行镜像操作，以使设计和制作工作更加轻松有效。

1. 使用工具箱中的工具镜像对象

选取要生成镜像的对象，如图 3-76 所示。选择"镜像"工具 ▷◁，用鼠标拖曳对象进行旋转，出现蓝色虚线，效果如图 3-77 所示。这样可以实现图形的旋转变换，也就是对象绕自身中心的镜像变换。镜像后的效果如图 3-78 所示。

用鼠标在绘图页面上任意位置单击，可以确定新的镜像轴标志"✦"的位置，效果如图 3-79 所示。用鼠标在绘图页面上任意位置再次单击，则单击产生的点与镜像轴标志的连线就作为镜像变换的镜像轴，对象在与镜像轴对称的地方生成镜像。对象的镜像效果如图 3-80 所示。

图 3-76   图 3-77   图 3-78   图 3-79   图 3-80

提示：使用"镜像"工具生成镜像对象的过程中，只能使对象本身产生镜像。要在镜像的位置生成一个对象的复制品，方法很简单，在拖曳鼠标的同时按住 Alt 键即可。"镜像"工具也可以用于旋转对象。

2. 使用"选择"工具 ▶ 镜像对象

使用"选择"工具 ▶，选取要生成镜像的对象，效果如图 3-81 所示。按住鼠标左键直接拖曳控制手柄到相对的边，直到出现对象的蓝色虚线，如图 3-82 所示。释放鼠标左键就可以得到不规则的镜像对象，效果如图 3-83 所示。

图 3-81   图 3-82   图 3-83

直接拖曳左边或右边中间的控制手柄到相对的边，直到出现对象的蓝色虚线，释放鼠标左键就可以得到原对象的水平镜像。直接拖曳上边或下边中间的控制手柄到相对的边，直到出现对象的蓝色虚线，释放鼠标左键就可以得到原对象的垂直镜像。

技巧：按住 Shift 键，拖曳边角上的控制手柄到相对的边，对象会成比例地沿对角线方向生成镜像。按住 Shift+Alt 组合键，拖曳边角上的控制手柄到相对的边，对象会成比例地从中心生成镜像。

3．使用菜单命令镜像对象

选择"对象 > 变换 > 对称"命令，弹出"镜像"对话框，如图 3-84 所示。在"轴"选项组中，选择"水平"单选项可以垂直镜像对象，选择"垂直"单选项可以水平镜像对象，选择"角度"单选项可以输入镜像角度的数值；在"选项"选项组中，选择"变换对象"选项，镜像的对象不是图案；选择"变换图案"选项，镜像的对象是图案；"复制"按钮用于在原对象上复制一个镜像的对象。

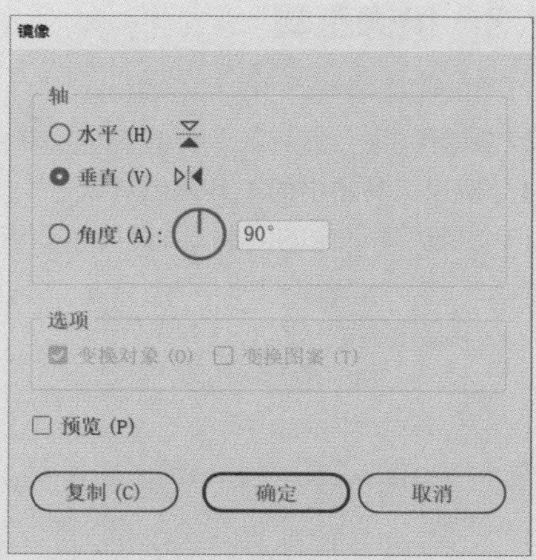

3.2.4　比例缩放工具

在 Illustrator CC 2019 中可以快速而精确地按比例缩放对象，使设计工作变得更轻松。下面我们就介绍对象的按比例缩放方法。

1．使用工具箱中的工具比例缩放对象

选取要缩放的对象，对象的周围出现控制手柄，如图 3-85 所示。用鼠标拖曳需要的控制手柄，如图 3-86 所示，可以缩放对象，效果如图 3-87 所示。

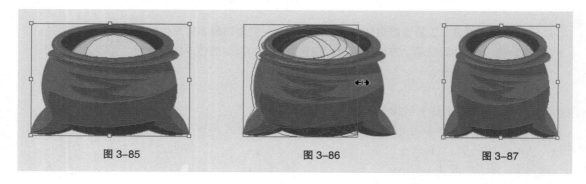

图 3-85　　　　　　　　　图 3-86　　　　　　　　　图 3-87

提示：拖曳对角线上的控制手柄时，按住 Shift 键，对象会等比例缩放。按住 Shift+Alt 组合键，对象会从中心等比例缩放。

选取要成比例缩放的对象，再选择"比例缩放"工具 ，对象的中心出现缩放对象的中心控制点。用鼠标在中心控制点上单击并拖曳可以移动中心控制点的位置，如图 3-88 所示。用鼠标在对象上拖曳可以缩放对象，如图 3-89 所示。成比例缩放对象的效果如图 3-90 所示。

图 3-84

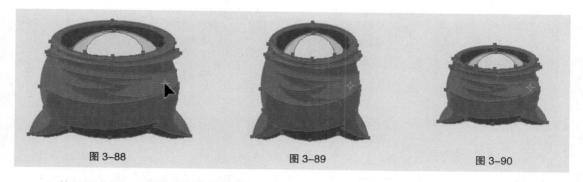

图 3-88 图 3-89 图 3-90

2. 使用"变换"控制面板成比例缩放对象

选择"窗口 > 变换"命令（组合键为 Shift+F8），弹出"变换"控制面板，如图 3-91 所示。在控制面板中，"宽"项可以设置对象的宽度，"高"项可以设置对象的高度。改变宽度和高度值，就可以缩放对象。勾选"缩放圆角"复选项，可以在缩放时等比例缩放圆角半径值。勾选"缩放描边和效果"复选项，可以在缩放时等比例缩放添加的描边和效果。

3. 使用菜单命令缩放对象

选择"对象 > 变换 > 缩放"命令，弹出"比例缩放"对话框，如图 3-92 所示。在对话框中，选择"等比"单选项可以调节对象成比例缩放；选择"不等比"单选项可以调节对象不成比例缩放，"水平"项可以设置对象在水平方向上的缩放百分比，"垂直"项可以设置对象在垂直方向上的缩放百分比。

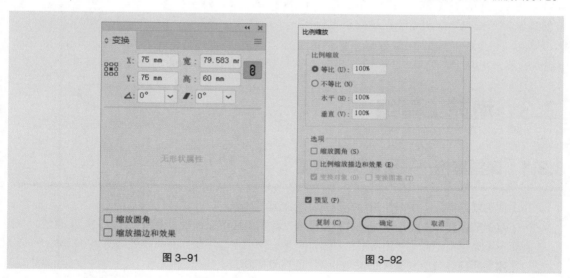

图 3-91 图 3-92

4. 使用鼠标右键的弹出式命令缩放对象

在选取的要缩放的对象上单击鼠标右键，弹出快捷菜单，选择"对象 > 变换 > 缩放"命令，也可以对对象进行缩放。

3.2.5 倾斜工具

1. 使用工具箱中的工具倾斜对象

选取要倾斜的对象，效果如图 3-93 所示。选择"倾斜"工具 ，对象的四周出现控制柄。用鼠标拖曳控制手柄或对象，倾斜时对象会出现蓝色的虚线指示倾斜变形的方向和角度，效果如图 3-94 所示。倾斜到需要的角度后释放鼠标左键，对象的倾斜效果如图 3-95 所示。

图 3-93

图 3-94

图 3-95

2. 使用"变换"控制面板倾斜对象

选择"窗口 > 变换"命令，弹出"变换"控制面板。"变换"控制面板的使用方法和"比例缩放"工具中的使用方法相同，这里不再赘述。

3. 使用菜单命令倾斜对象

选择"对象 > 变换 > 倾斜"命令，弹出"倾斜"对话框，如图 3-96 所示。在对话框中，"倾斜角度"项可以设置对象倾斜的角度。在"轴"选项组中，选择"水平"单选项，对象可以水平倾斜；选择"垂直"单选项，对象可以垂直倾斜；选择"角度"单选项，可以调节倾斜的角度。"复制"按钮用于在原对象上复制一个倾斜的对象。

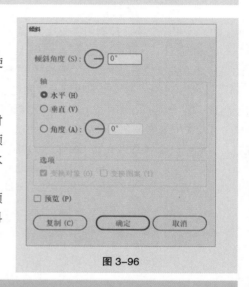
图 3-96

3.3 填充工具组

3.3.1 课堂案例——绘制风景插画

【案例学习目标】学习使用填充类工具绘制风景插画。

【案例知识要点】使用渐变工具，"渐变"控制面板填充背景、山和土丘；使用"颜色"控制面板填充树干图形；使用网格工具添加并填充网格点。风景插画的效果如图 3-97 所示。

【效果所在位置】云盘 /Ch03/ 效果 / 绘制风景插画 .ai。

扫码观看
本案例视频

扫码查看
扩展案例

图 3-97

（1）按 Ctrl+O 组合键，打开云盘中的"Ch03 > 素材 > 绘制风景插画 > 01"文件，如图 3-98 所示。选择"选择"工具 ▶，选取背景矩形。双击"渐变"工具 ▣，弹出"渐变"控制面板。选中"线性渐变"按钮 ▣，在色带上设置 2 个渐变滑块，分别将渐变滑块的位置设为 0、100，并设置 R、G、B 的值分别为 0（255、234、179）、100（235、108、40），其他选项的设置如图 3-99 所示。图形被填充为渐变色，并设置了描边色为无，效果如图 3-100 所示。

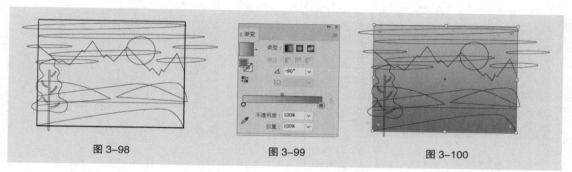

图 3-98   图 3-99   图 3-100

（2）选择"选择"工具 ▶，选取山峰图形。在"渐变"控制面板中，选中"线性渐变"按钮 ▣，在色带上设置 2 个渐变滑块，分别将渐变滑块的位置设为 0、100，并设置 R、G、B 的值分别为 0（235、189、26）、100（255、234、179），其他选项的设置如图 3-101 所示。图形被填充为渐变色，并设置了描边色为无，效果如图 3-102 所示。

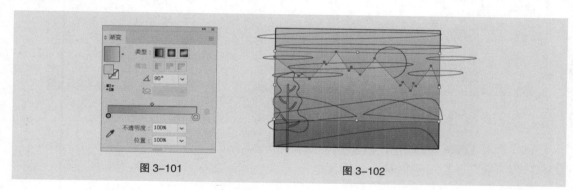

图 3-101   图 3-102

（3）选择"选择"工具 ▶，选取土丘图形。在"渐变"控制面板中，选中"线性渐变"按钮 ▣，在色带上设置 2 个渐变滑块，分别将渐变滑块的位置设为 10、100，并设置 R、G、B 的值分别为 10（108、216、157）、100（50、127、123），其他选项的设置如图 3-103 所示。图形被填充为渐变色，并设置了描边色为无，效果如图 3-104 所示。用相同的方法分别填充其他图形相应的渐变色，效果如图 3-105 所示。

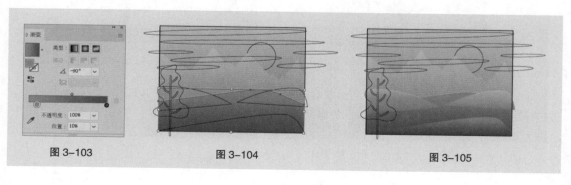

图 3-103   图 3-104   图 3-105

（4）选择"编组选择"工具 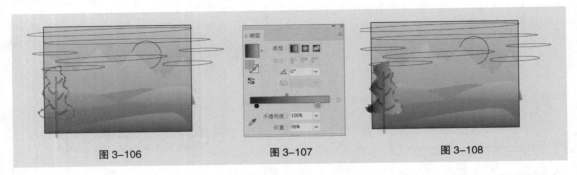，选取树叶图形。如图 3-106 所示。在"渐变"控制面板中，选中"线性渐变"按钮 ，在色带上设置 2 个渐变滑块，分别将渐变滑块的位置设为 8、86，并设置 R、G、B 的值分别为 8（11、67、74）、86（122、255、191），其他选项的设置如图 3-107 所示。图形被填充为渐变色，并设置了描边色为无，效果如图 3-108 所示。

图 3-106　　　　　　　　图 3-107　　　　　　　　图 3-108

（5）选择"编组选择"工具 ，选取树干图形，如图 3-109 所示。选择"窗口 > 颜色"命令，在弹出的"颜色"控制面板中进行设置，如图 3-110 所示。按 Enter 键确定操作，效果如图 3-111 所示。

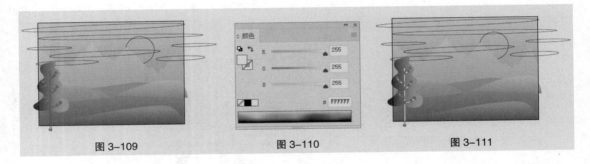

图 3-109　　　　　　　　图 3-110　　　　　　　　图 3-111

（6）选择"选择"工具 ，选取树木图形。按住 Alt 键的同时，向右拖曳图形到适当的位置，复制图形，并调整其大小，效果如图 3-112 所示。按 Ctrl+ [组合键，将图形后移一层，效果如图 3-113 所示。

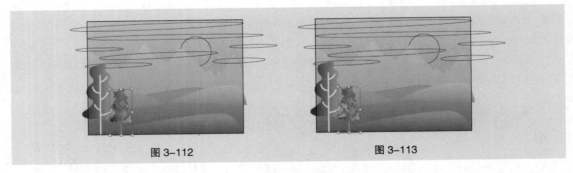

图 3-112　　　　　　　　　　　图 3-113

（7）选择"编组选择"工具 ，选取小树干图形。在"渐变"控制面板中，选中"线性渐变"按钮 ，在色带上设置 2 个渐变滑块，分别将渐变滑块的位置设为 0、100，并设置 R、G、B 的值分别为 0（85、224、187）、100（255、234、179），其他选项的设置如图 3-114 所示。图形被填充为渐变色，并设置了描边色为无，效果如图 3-115 所示。

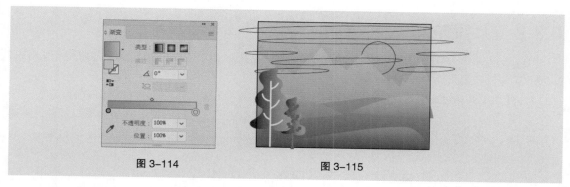

图 3-114   图 3-115

（8）用相同的方法分别复制其他图形并调整其大小和排序，效果如图 3-116 所示。选择"选择"工具 ▶，按住 Shift 键的同时，依次选取云彩图形，填充图形为白色，并设置描边色为无，效果如图 3-117 所示。在属性栏中将"不透明度"选项设为 20%，按 Enter 键确定操作，效果如图 3-118 所示。

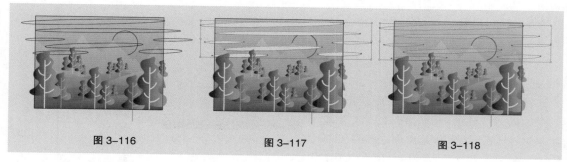

图 3-116   图 3-117   图 3-118

（9）选择"选择"工具 ▶，选取太阳图形，填充图形为白色，并设置描边色为无，效果如图 3-119 所示。在属性栏中将"不透明度"选项设为 80%，按 Enter 键确定操作，效果如图 3-120 所示。

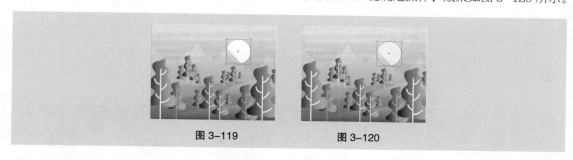

图 3-119   图 3-120

（10）选择"网格"工具 ▦，在圆形中心位置单击，添加网格点，如图 3-121 所示。设置网格点颜色为浅黄色（255、246、127），填充网格，效果如图 3-122 所示。选择"选择"工具 ▶，在页面空白处单击，取消选取状态，效果如图 3-123 所示。风景插画绘制完成。

图 3-121   图 3-122   图 3-123

3.3.2 颜色填充

Illustrator CC 2019 用于填充的内容包括"色板"控制面板中的单色对象、图案对象和渐变对象，以及"颜色"控制面板中的自定义颜色。

1. 使用工具箱填充

应用工具箱中的"填色"和"描边"工具，可以指定所选对象的填充颜色和描边颜色。当单击按钮（快捷键为 X）时，可以切换填色显示框和描边显示框的位置。按 Shift+X 组合键时，可使选定对象的颜色在填充和描边填充之间切换。

在"填色"和"描边"下面有 3 个按钮，它们分别是"颜色"按钮、"渐变"按钮和"无"按钮。

2. "颜色"控制面板

Illustrator 通过"颜色"控制面板设置对象的填充颜色。单击"颜色"控制面板右上方的图标，在弹出式菜单中可选择当前取色时使用的颜色模式。无论选择哪一种颜色模式，控制面板中都将显示出相关的颜色内容，如图 3-124 所示。

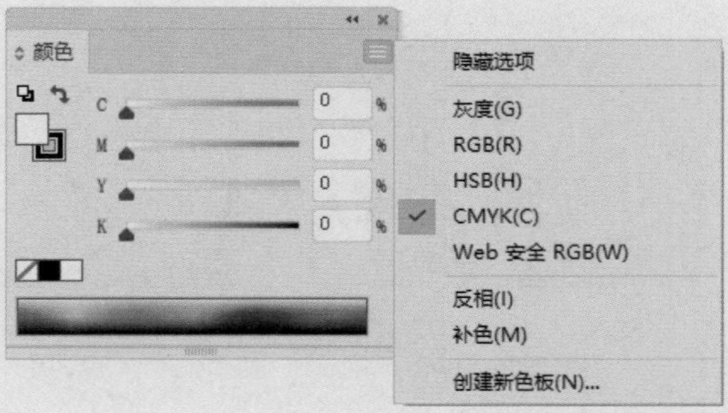

选择"窗口 > 颜色"命令，弹出"颜色"控制面板。"颜色"控制面板上的按钮用来进行填充颜色和描边颜色之间的互相切换，操作方法与工具箱中按钮的使用方法相同。

图 3-124

将鼠标指针移动到取色区域，指针变为吸管形状，单击就可以选取颜色。拖曳各个颜色滑块或在各个数值框中输入有效的数值，可以调配出更精确的颜色，如图 3-125 所示。

更改或设定对象的描边颜色时，单击选取已有的对象，在"颜色"控制面板中切换到描边颜色，选取或调配出新颜色，这时新选的颜色被应用到当前选定对象的描边中，如图 3-126 所示。

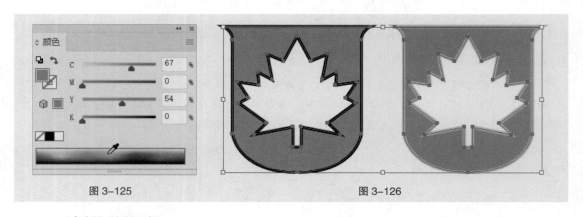

图 3-125　　　　　　　　　　　　　图 3-126

3. "色板"控制面板

选择"窗口 > 色板"命令，弹出"色板"控制面板，在"色板"控制面板中单击需要的颜色或样本，可以将其选中，如图 3-127 所示。

"色板"控制面板提供了多种颜色和图案，并且允许用户添加并存储自定义的颜色和图案。单击显示"色板类型"菜单按钮 ▦.，可以使所有的样本显示出来；单击"色板选项"按钮 ▤，可以打开"色板选项"对话框；单击"新建颜色组"按钮 ▤，可以新建颜色组；"新建色板"按钮 ▤ 用于定义和新建一个新的样本；"删除色板"按钮 🗑 可以将选定的样本从"色板"控制面板中删除。

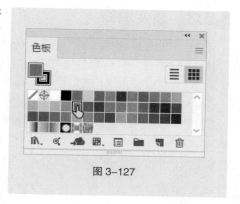

图 3-127

绘制一个图形，单击"填色"按钮，如图 3-128 所示。选择"窗口 > 色板"命令，弹出"色板"控制面板，在"色板"控制面板中单击需要的颜色或图案，来对图形内部进行填充，效果如图 3-129 所示。

图 3-128   图 3-129

选择"窗口 > 色板库"命令，可以调出更多的色板库。引入外部色板库，增选的多个色板库都将显示在同一个"色板"控制面板中。

若"色板"控制面板左上角的方块标有红色斜杠 ⃠，表示无颜色填充。双击"色板"控制面板中的颜色缩览图 ▣ 时会弹出"色板选项"对话框，可以设置其颜色属性，如图 3-130 所示。

单击"色板"控制面板右上方的按钮 ☰，将弹出下拉菜单，选择其中的"新建色板"命令，可以将选中的某一颜色或样本添加到"色板"控制面板中，如图 3-131 所示；单击"新建色板"按钮 ▤，也可以添加新的颜色或样本到"色板"控制面板中。

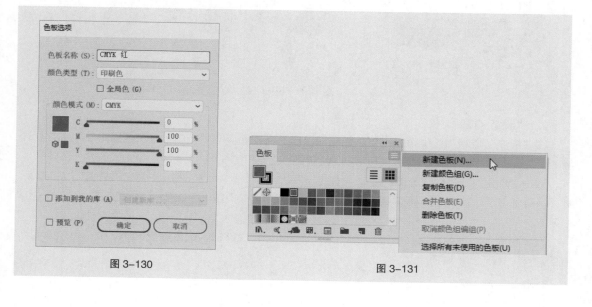

图 3-130   图 3-131

3.3.3 渐变填充

渐变填充是指两种或多种不同颜色在同一条直线上逐渐过渡填充。建立渐变填充有多种方法，可以使用"渐变"工具 ，也可以使用"渐变"控制面板和"颜色"控制面板来设置选定对象的渐变颜色，还可以使用"色板"控制面板中的渐变样本填充。

1. 创建渐变填充

绘制一个图形，如图 3-132 所示。单击工具箱下部的"渐变"按钮 ，对图形进行渐变填充，效果如图 3-133 所示。选择"渐变"工具 ，在图形中需要的位置单击设定渐变的起点并按住鼠标左键拖曳，再次单击确定渐变的终点，如图 3-134 所示。渐变填充的效果如图 3-135 所示。

| 图 3-132 | 图 3-133 | 图 3-134 | 图 3-135 |

在"色板"控制面板中单击需要的渐变样本，对图形进行渐变填充，效果如图 3-136 所示。

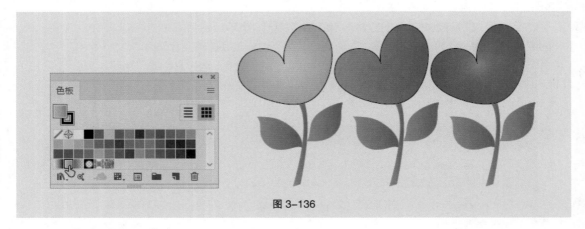

图 3-136

2. "渐变"控制面板

在"渐变"控制面板中可以设置渐变参数，可选择"线性""径向"或"任意形状"渐变，设置渐变的起始、中间和终止颜色，还可以设置渐变的位置和角度。

双击"渐变"工具 或选择"窗口 > 渐变"命令（组合键为 Ctrl+F9），弹出"渐变"控制面板，如图 3-137 所示。从"类型"选项组中可以选择"线性""径向"或"任意形状"渐变方式，如图 3-138 所示。

在"角度"选项的数值框中显示了当前的渐变角度，重新输入数值后按 Enter 键，可以改变渐变的角度，如图 3-139 所示。

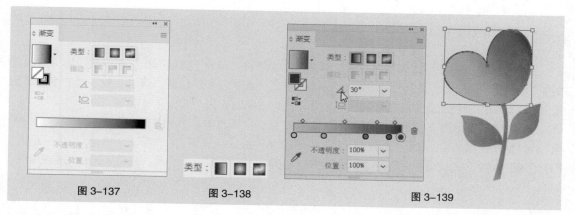

图 3-137　　　　　　　　　图 3-138　　　　　　　　　　　图 3-139

单击"渐变"控制面板下面的颜色滑块，在"位置"选项的数值框中显示出该滑块在渐变颜色中颜色位置的百分比，如图 3-140 所示。拖动滑块，改变该颜色的位置，将改变颜色的渐变梯度，如图 3-141 所示。

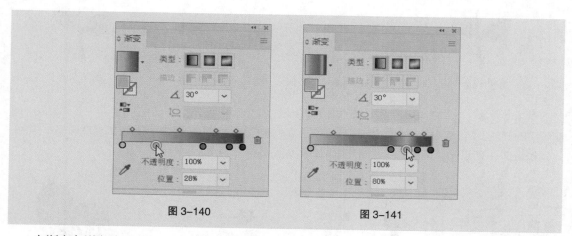

图 3-140　　　　　　　　　　　　　图 3-141

在渐变色谱条底边单击，可以添加一个颜色滑块，如图 3-142 所示。在"颜色"控制面板中调配颜色，如图 3-143 所示，可以改变添加的颜色滑块的颜色，如图 3-144 所示。用鼠标按住颜色滑块不放并将其拖出到"渐变"控制面板外，可以直接删除颜色滑块。

双击渐变色谱条上的颜色滑块，将弹出颜色面板，可以快速地选取所需的颜色。

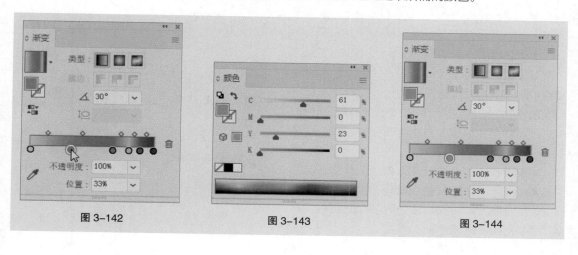

图 3-142　　　　　　　　　　图 3-143　　　　　　　　　图 3-144

3．渐变填充的样式

（1）线性渐变填充。

线性渐变填充是一种比较常用的渐变填充方式。通过"渐变"控制面板，可以精确地指定线性渐变的起始和终止颜色，还可以调整渐变方向。通过调整中心点的位置，可以生成不同的颜色渐变效果。当需要绘制线性渐变填充图形时，可按以下步骤操作。

选择绘制好的图形，如图 3-145 所示。双击"渐变"工具■，弹出"渐变"控制面板。在"渐变"控制面板色谱条中，显示了程序默认的白色到黑色的线性渐变样式，如图 3-146 所示。在"渐变"控制面板"类型"选项组中，单击"线性渐变"按钮■，如图 3-147 所示，图形将被线性渐变填充，如图 3-148 所示。

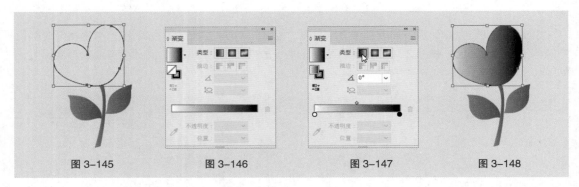

图 3-145　　　　　　图 3-146　　　　　　图 3-147　　　　　　图 3-148

单击"渐变"控制面板中的起始颜色游标◎，如图 3-149 所示。然后在"颜色"控制面板中调配所需的颜色，设置渐变的起始颜色。再单击终止颜色游标◉，如图 3-150 所示，设置渐变的终止颜色，效果如图 3-151 所示。图形的线性渐变填充效果如图 3-152 所示。

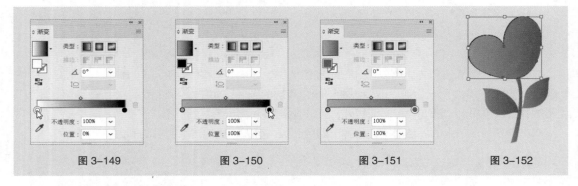

图 3-149　　　　　　图 3-150　　　　　　图 3-151　　　　　　图 3-152

拖动色谱条上边的控制滑块，可以改变颜色的渐变位置，如图 3-153 所示。"位置"选项数值框中的数值也会随之发生变化。设置"位置"选项数值框中的数值也可以改变颜色的渐变位置，图形的线性渐变填充效果也将改变，如图 3-154 所示。

如果要改变颜色渐变的方向，选择"渐变"工具■后直接在图形中拖曳即可。当需要精确地改变渐变方向时，可通过"渐变"控制面板中的"角度"选项来控制图形的渐变方向。

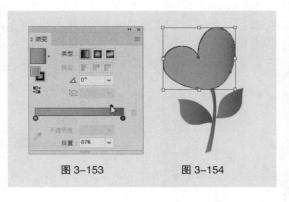

图 3-153　　　　　　图 3-154

（2）径向渐变填充。

径向渐变填充是 Illustrator CC 2019 的另一种渐变填充类型，与线性渐变填充不同，它是从起始颜色开始以圆的形式向外发散，逐渐过渡到终止颜色。它的起始颜色和终止颜色，以及渐变填充中心点的位置都是可以改变的。使用径向渐变填充可以生成多种渐变填充效果。

选择绘制好的图形，如图 3-155 所示。双击"渐变"工具 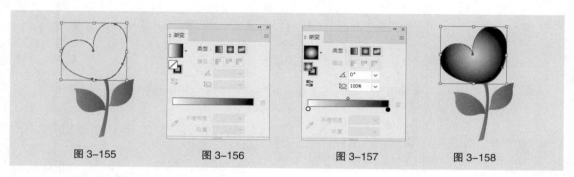，弹出"渐变"控制面板。在"渐变"控制面板色谱条中，显示了程序默认的白色到黑色的线性渐变样式，如图 3-156 所示。在"渐变"控制面板"类型"选项组中，单击"径向渐变"按钮 ，如图 3-157 所示，图形将被径向渐变填充，效果如图 3-158 所示。

| 图 3-155 | 图 3-156 | 图 3-157 | 图 3-158 |

单击"渐变"控制面板中的起始颜色游标◎或终止颜色游标◉，然后在"颜色"控制面板中调配颜色，即可改变图形的渐变颜色，效果如图 3-159 所示。拖动色谱条上边的控制滑块，可以改变颜色的中心渐变位置，效果如图 3-160 所示。使用"渐变"工具 绘制，可改变径向渐变的中心位置，效果如图 3-161 所示。

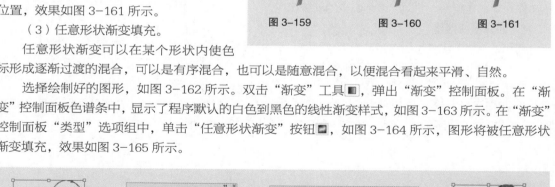

| 图 3-159 | 图 3-160 | 图 3-161 |

（3）任意形状渐变填充。

任意形状渐变可以在某个形状内使色标形成逐渐过渡的混合，可以是有序混合，也可以是随意混合，以便混合看起来平滑、自然。

选择绘制好的图形，如图 3-162 所示。双击"渐变"工具 ，弹出"渐变"控制面板。在"渐变"控制面板色谱条中，显示了程序默认的白色到黑色的线性渐变样式，如图 3-163 所示。在"渐变"控制面板"类型"选项组中，单击"任意形状渐变"按钮 ，如图 3-164 所示，图形将被任意形状渐变填充，效果如图 3-165 所示。

| 图 3-162 | 图 3-163 | 图 3-164 | 图 3-165 |

在"绘制"选项组中，点选"点"单选项，可以在对象中创建单独点形式的色标，如图 3-166 所示；点选"线"单选项，可以在对象中创建直线段形式的色标，如图 3-167 所示。

在对象中将鼠标指针放置在线段上，指针变为 图标，如图 3-168 所示，单击可以添加一个色标，如图 3-169 所示。然后在"颜色"控制面板中调配颜色，即可改变图形的渐变颜色，如图 3-170 所示。

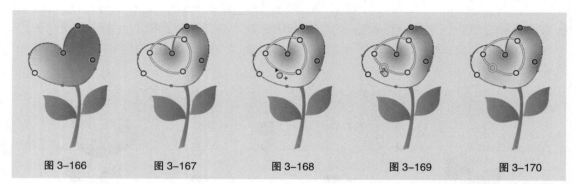

图 3-166　　　　图 3-167　　　　图 3-168　　　　图 3-169　　　　图 3-170

在对象中单击并按住鼠标拖曳色标，可以移动色标位置，如图 3-171 所示。在"渐变"控制面板"色标"选项组中，单击"删除色标"按钮 ，可以删除选中的色标，如图 3-172 所示。

"扩展"选项：在"点"模式下，扩展选项被激活。扩展可以设置色标周围的环形区域。默认情况下，色标的扩展幅度取值范围为 0%~100%。

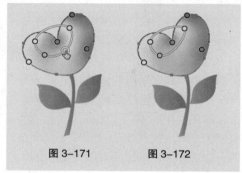

图 3-171　　　　图 3-172

3.3.4　网格填充

应用渐变网格功能可以制作出图形颜色细微之处的变化，并且易于控制图形颜色。使用渐变网格可以对图形应用多个方向、多种颜色的渐变填充。

1.　建立渐变网格

使用"网格"工具可以在图形中形成网格，使图形颜色的变化更加柔和自然。

（1）使用"网格"工具建立渐变网格。

使用"椭圆"工具 绘制一个椭圆形并保持其被选取状态，如图 3-173 所示。选择"网格"工具 ，在椭圆形中单击，将椭圆形建立为渐变网格对象，在椭圆形中增加了横竖两条线交叉形成的网格，如图 3-174 所示。继续在椭圆形中单击，可以增加新的网格，效果如图 3-175 所示。

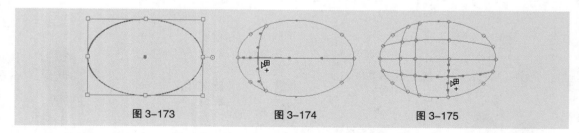

图 3-173　　　　图 3-174　　　　图 3-175

在网格中横竖两条线交叉形成的点就是网格点，而横、竖线就是网格线。

（2）使用"创建渐变网格"命令创建渐变网格。

使用"椭圆"工具 绘制一个椭圆形并保持其被选取状态，如图 3-176 所示。选择"对象 > 创建渐变网格"命令,弹出"创建渐变网格"对话框,如图 3-177 所示。设置数值后,单击"确定"按钮,可以为图形创建渐变网格的填充,效果如图 3-178 所示。

图 3-176   图 3-177   图 3-178

在"创建渐变网格"对话框中,"行数"项的数值框中可以输入水平方向网格线的行数;"列数"项的数值框中可以输入垂直方向网络线的列数;在"外观"选项的下拉列表中可以选择创建渐变网格后图形高光部位的表现方式,有平淡色、至中心、至边缘 3 种方式可以选择;在"高光"项的数值框中可以设置高光处的强度,当数值为 0 时,图形没有高光点,而是均匀的颜色填充。

2. 编辑渐变网格

(1)添加与删除网格点。

使用"椭圆"工具 ⬭,绘制一个椭圆形并保持其被选取状态,如图 3-179 所示。选择"网格"工具 ▦ 在椭圆形中单击,建立渐变网格对象,如图 3-180 所示。在椭圆形中的其他位置再次单击,可以添加网格点,如图 3-181 所示,同时添加了网格线。在网格线上再次单击,可以继续添加网格点,如图 3-182 所示。

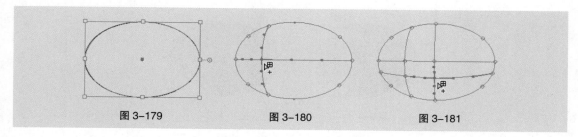

图 3-179   图 3-180   图 3-181

使用"网格"工具 ▦,按住 Alt 键的同时,将鼠标指针移至网格点,指针变为 ▦ 图标,如图 3-183 所示,单击网格点即可将网格点删除,效果如图 3-184 所示。

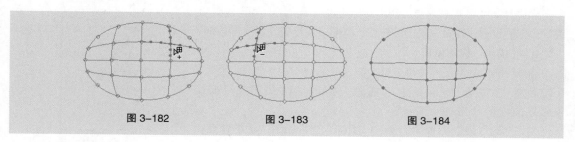

图 3-182   图 3-183   图 3-184

(2)编辑网格颜色。

使用"直接选择"工具 ▷ 单击选中网格点,如图 3-185 所示。在"色板"控制面板中单击需要的颜色块,如图 3-186 所示,可以为网格点填充颜色,效果如图 3-187 所示。

图 3-185　　　　　　　　　　　图 3-186　　　　　　　　　　图 3-187

使用"直接选择"工具 ▷ 单击选中网格，如图 3-188 所示。在"色板"控制面板中单击需要的颜色块，如图 3-189 所示，可以为网格填充颜色，效果如图 3-190 所示。

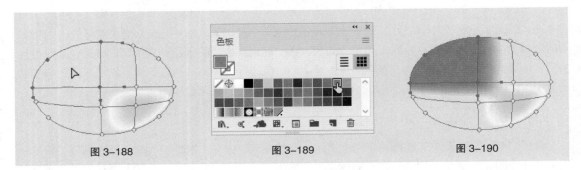

图 3-188　　　　　　　　　　　图 3-189　　　　　　　　　　图 3-190

使用"直接选择"工具 ▷ 在网格点上单击并按住鼠标左键拖曳网格点，可以移动网格点，效果如图 3-191 所示。拖曳网格点的控制手柄可以调节网格线，效果如图 3-192 所示。

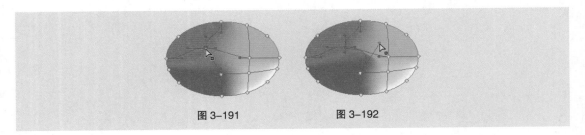

图 3-191　　　　　　　　　图 3-192

3.3.5　填充描边

描边其实就是对象的描边线。对描边进行填充时，还可以对其进行一定的设置，如更改描边的形状、粗细以及设置为虚线描边等。

1. "描边"控制面板

选择"窗口 > 描边"命令（组合键为 Ctrl+F10），弹出"描边"控制面板，如图 3-193 所示。"描边"控制面板主要用来设置对象描边的属性，如粗细、形状等。

在"描边"控制面板中，通过"粗细"选项设置描边的宽度；"端点"选项组指定描边各线段的首端和尾端的形状样式，它有平头端点 ▣、圆头端点 ▣ 和方头端点 ▣ 3 种不同的端点样式；"边角"选项组指定一段描边的拐点，即描边的拐角形状，它有 3 种不同的拐角接合形式，分别为斜接连接 ▣、圆角连接 ▣ 和斜角连

图 3-193

接 ⌐，"限制"项用于设置斜角的长度，它将决定描边沿路径改变方向时伸展的长度；"对齐描边"选项组用于设置描边与路径的对齐方式，分别为使描边居中对齐 ⌐、使描边内侧对齐 ⌐ 和使描边外侧对齐 ⌐；勾选"虚线"复选项可以创建描边的虚线效果。

2. 设置描边的粗细

当需要设置描边的宽度时，要用到"粗细"选项，可以在其下拉列表中选择合适的粗细，也可以直接输入合适的数值。

单击工具箱下方的"描边"按钮，使用"星形"工具 ⭐ 绘制一个星形并保持其被选取状态，效果如图 3-194 所示。在"描边"控制面板中"粗细"选项的下拉列表中选择需要的描边粗细值，或者直接输入合适的数值。本例设置的粗细数值为 30 pt，如图 3-195 所示。星形的描边粗细被改变，效果如图 3-196 所示。

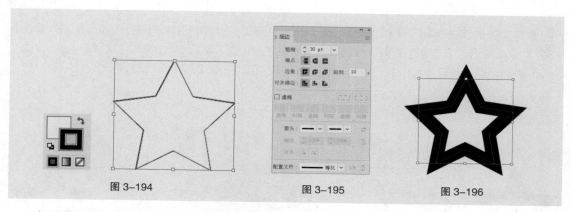

图 3-194　　　　　　　　图 3-195　　　　　　　　图 3-196

当要更改描边的单位时，可选择"编辑 > 首选项 > 单位"命令，弹出"首选项"对话框，如图 3-197 所示。可以在"描边"选项的下拉列表中选择需要的描边单位。

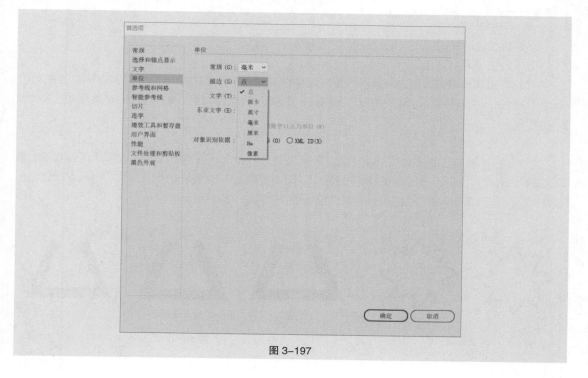

图 3-197

3．设置描边的填充

保持星形处于被选取的状态，效果如图 3-198 所示。在"色板"控制面板中单击选取所需的填充样本，对象描边的填充效果如图 3-199 所示。

图 3-198　　　　　　　　　　　　　　　　图 3-199

保持星形处于被选取的状态，效果如图 3-200 所示。在"颜色"控制面板中调配所需的颜色，如图 3-201 所示；或双击工具箱下方的"描边填充"按钮█，弹出"拾色器"对话框，如图 3-202 所示，在对话框中可以调配所需的颜色。对象描边的颜色填充效果如图 3-203 所示。

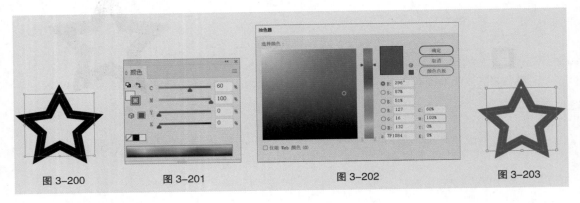

图 3-200　　　　　　　　图 3-201　　　　　　　　　图 3-202　　　　　　　　　　图 3-203

4．编辑描边的样式

（1）设置"限制"选项。

"限制"选项可以设置描边沿路径改变方向时的伸展长度。可以在其下拉列表中选择所需的数值，也可以在数值框中直接输入合适的数值。分别将"限制"选项设置为 2 和 20 时的对象描边效果如图 3-204 所示。

（2）设置"端点"和"边角"选项。

端点是指一段描边的首端和末端，可以为描边的首端和末端选择不同的顶点样式来改变描边顶点的形状。使用"钢笔"工具█绘制一段描边，单击"描边"控制面板中的 3 个不同端点样式的按钮█ █ █，选定的端点样式会应用到选定的描边中，如图 3-205 所示。

平头端点　　　　　　　圆头端点　　　　　　　方头端点

图 3-204　　　　　　　　　　　　　　图 3-205

边角是指一段描边的拐点，边角样式就是指描边拐角处的形状。该选项有斜接连接、圆角连接和斜角连接3种不同的转角边角样式。绘制多边形的描边，单击"描边"控制面板中的3个不同边角样式按钮 ，选定的边角样式会应用到选定的描边中，如图3-206所示。

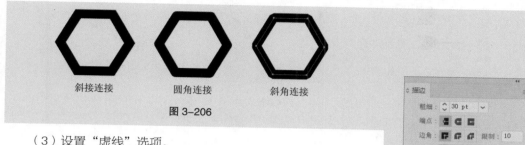

斜接连接　　　　　圆角连接　　　　　斜角连接

图 3-206

（3）设置"虚线"选项。

"虚线"选项里包括6个数值框，勾选"虚线"复选项，数值框被激活，第1个数值框默认的虚线值为2pt，如图3-207所示。

"虚线"选项用来设定每一段虚线段的长度，数值框中输入的数值越大，虚线的长度就越长；反之，输入的数值越小，虚线的长度就越短。设置不同虚线长度值的描边效果如图3-208所示。

"间隙"选项用来设定虚线段之间的距离，输入的数值越大，虚线段之间的距离越大；反之，输入的数值越小，虚线段之间的距离就越小。设置不同虚线间隙的描边效果如图3-209所示。

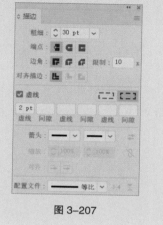

图 3-207

图 3-208　　　　　　　　　　　　　图 3-209

（4）设置"箭头"选项。

在"描边"控制面板中有2个可供选择的下拉列表按钮 箭头：————，左侧的是"起点的箭头"————，右侧的是"终点的箭头"————。选中要添加箭头的曲线，如图3-210所示。单击"起点的箭头"按钮————，弹出"起点的箭头"下拉列表框，单击需要的箭头样式，如图3-211所示。曲线的起始点会出现选择的箭头，效果如图3-212所示。单击"终点的箭头"按钮————，弹出"终点的箭头"下拉列表框，单击需要的箭头样式，如图3-213所示。曲线的终点会出现选择的箭头，效果如图3-214所示。

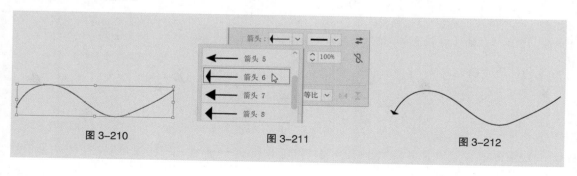

图 3-210　　　　　　　　　　图 3-211　　　　　　　　　　图 3-212

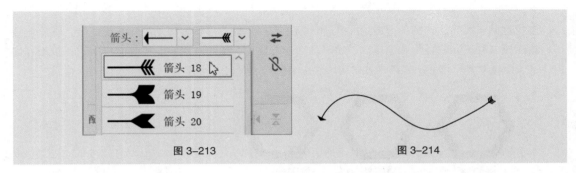

图 3-213　　　　　　　　　　　　　　　　　图 3-214

"互换箭头起始处和结束处"按钮 ⇄ 可以互换起始箭头和终点箭头。选中曲线，如图 3-215 所示。在"描边"控制面板中单击"互换箭头起始处和结束处"按钮 ⇄ ，如图 3-216 所示，效果如图 3-217 所示。

图 3-215　　　　　　　　图 3-216　　　　　　　　图 3-217

在"缩放"选项中，左侧的是"箭头起始处的缩放因子"选项 ⌃ 100% ，右侧的是"箭头结束处的缩放因子"选项 ⌃ 100% 。设置需要的数值，可以缩放曲线的起始箭头和结束箭头的大小。选中要缩放的曲线，如图 3-218 所示。将"箭头起始处的缩放因子"设置为 200，如图 3-219 所示，效果如图 3-220 所示。将"箭头结束处的缩放因子"设置为 200，效果如图 3-221 所示。

单击"缩放"选项右侧的"链接箭头起始处和结束处缩放"按钮 ⌧ ，可以同时改变起始箭头和结束箭头的大小。

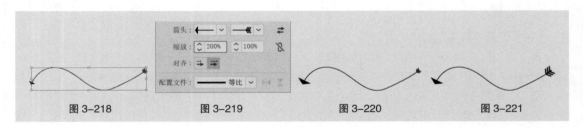

图 3-218　　　　　　　图 3-219　　　　　　　图 3-220　　　　　　　图 3-221

在"对齐"选项中，左侧的是"将箭头提示扩展到路径终点外"按钮 ⇥ ，右侧的是"将箭头提示放置于路径终点处"按钮 ⇥ ，这 2 个按钮分别可以设置箭头在终点以外和箭头在终点处。选中曲线，如图 3-222 所示。单击"将箭头提示扩展到路径终点外"按钮 ⇥ ，如图 3-223 所示，效果如图 3-224 所示。单击"将箭头提示放置于路径终点处"按钮 ⇥ ，箭头在终点处显示，效果如图 3-225 所示。

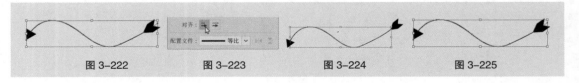

图 3-222　　　　　　　图 3-223　　　　　　　图 3-224　　　　　　　图 3-225

在"配置文件"选项中，单击"配置文件"右侧的下拉按钮 ——— 等比 ∨ ，弹出宽度配置文件下拉列表，如图 3-226 所示。在下拉列表中选中任意一个宽度配置文件可以改变曲线描边的形状。选中曲线，如图 3-227 所示。单击"配置文件"右侧的下拉按钮 ——— 等比 ∨，在弹出的下拉列表中选中任意一个宽度配置文件，如图 3-228 所示，效果如图 3-229 所示。

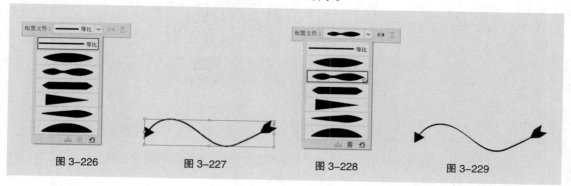

图 3-226　　　　　图 3-227　　　　　图 3-228　　　　　图 3-229

　　在"配置文件"选项右侧有 2 个按钮，分别是"纵向翻转"按钮 ▶◀ 和"横向翻转"按钮 ☰。选中"纵向翻转"按钮 ▶◀，可以改变曲线描边的左右位置。选中"横向翻转"按钮 ☰，可以改变曲线描边的上下位置。

3.3.6　吸管工具

　　"吸管"工具可以将一个图形对象的外观属性（如描边、填色和字符属性等）复制到另一个图形对象，可以快速、准确地编辑属性相同的图形对象。

　　打开一个文件，效果如图 3-230 所示。选择"选择"工具 ▶，选取需要的图形。选择"吸管"工具 ✐，将鼠标指针放在被复制属性的图形上，如图 3-231 所示，单击吸取图形的属性，选取的图形属性发生改变，效果如图 3-232 所示。

　　当使用"吸管"工具 ✐ 吸取对象属性后，按住 Alt 键，吸管会转变方向并显示为实心吸管 ✎，如图 3-233 所示。将实心吸管 ✎ 放置在需要应用的对象上单击，如图 3-234 所示，可以将新吸取的属性应用到其他对象上。

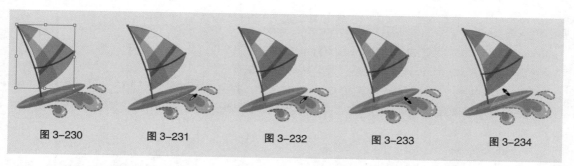

图 3-230　　　　　图 3-231　　　　　图 3-232　　　　　图 3-233　　　　　图 3-234

3.4　文字工具组

3.4.1　课堂案例——制作文字海报

【案例学习目标】学习使用文字工具、"字符"控制面板制作文字海报。

【案例知识要点】使用"置入"命令置入素材图片；使用直线段工具、"描边"控制面板绘制装饰线条；使用钢笔工具、路径文字工具制作路径文字；使用文字工具、直排文字工具和"字符"控制面板添加海报内容。文字海报的效果如图 3-235 所示。

【效果所在位置】云盘 /Ch03/ 效果 /制作文字海报 .ai。

扫码观看本案例视频　　扫码查看扩展案例

图 3-235

（1）按 Ctrl+N 组合键，弹出"新建文档"对话框，设置文档的宽度为 600 px，高度为 600 px，取向为横向，颜色模式为 RGB，单击"创建"按钮，新建一个文档。

（2）选择"文件 > 置入"命令，弹出"置入"对话框，选择云盘中的"Ch03 > 素材 > 制作文字海报 > 01"文件，单击"置入"按钮，在页面中单击置入图片。单击属性栏中的"嵌入"按钮，嵌入图片，如图 3-236 所示。

（3）选择"窗口 > 对齐"命令，弹出"对齐"控制面板，将对齐方式设为"对齐画板"，如图 3-237 所示。分别单击"水平居中对齐"按钮 ▮ 和"垂直居中对齐"按钮 ▮，让图片与页面居中对齐，效果如图 3-238 所示。按 Ctrl+2 组合键，锁定所选对象。

图 3-236　　　　　　　　　　图 3-237　　　　　　　　　　图 3-238

（4）选择"文字"工具 T，在页面中分别输入需要的文字。选择"选择"工具 ▶，在属性栏中分别选择合适的字体并设置文字大小，效果如图 3-239 所示。

（5）选取文字"森林的声音"，按 Ctrl+T 组合键，弹出"字符"控制面板，将"设置所选字符的字距调整"选项 ▥ 设为 150，其他选项的设置如图 3-240 所示。按 Enter 键确定操作，效果如图 3-241 所示。

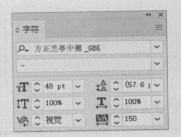

图 3-239　　　　　　　　　　图 3-240　　　　　　　　　　图 3-241

（6）选取英文"VOICE OF THE FOREST"，在"字符"控制面板中，将"设置所选字符的字距调整"选项ⅤA设为400，其他选项的设置如图3-242所示。按Enter键确定操作，效果如图3-243所示。

图 3-242　　　　　　　　　　　　　图 3-243

（7）选择"文字"工具T，在文字"尚"右侧单击鼠标左键，插入光标，如图3-244所示。选择"文字 > 字形"命令，弹出"字形"控制面板，设置字体并选择需要的字形，如图3-245所示。双击鼠标左键插入字形，效果如图3-246所示。

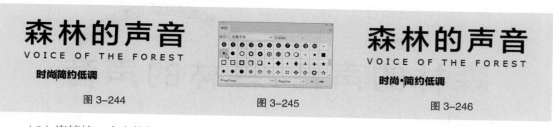

图 3-244　　　　　　　　　　图 3-245　　　　　　　　　　图 3-246

（8）连续按6次空格键，插入空格，如图3-247所示。使用"文字"工具T，选取刚插入的空格，如图3-248所示。按Ctrl+C组合键，复制空格。在文字"尚"右侧单击鼠标左键，插入光标，按Ctrl+V组合键，粘贴空格，如图3-249所示。

图 3-247　　　　　　　　　　图 3-248　　　　　　　　　　图 3-249

（9）使用"文字"工具T，选取字形和空格，如图3-250所示。按Ctrl+C组合键，复制字形和空格。在文字"约"右侧单击鼠标左键，插入光标，按Ctrl+V组合键，粘贴字形和空格，如图3-251所示。

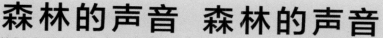

图 3-250　　　　　　　　　　　图 3-251

（10）选择"直线段"工具 ✎，按住 Shift 键的同时，在适当的位置绘制一条直线，效果如图 3-252 所示。选择"选择"工具 ▶，按住 Alt+Shift 组合键的同时，水平向右拖曳直线到适当的位置，复制直线，效果如图 3-253 所示。

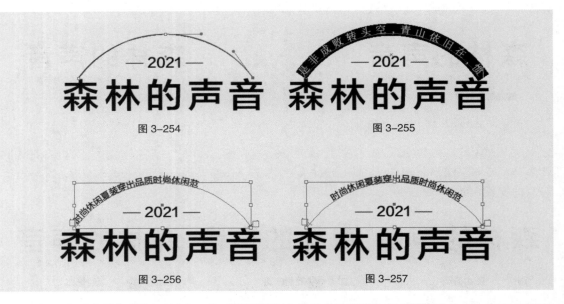

图 3-252 　　　　　　　　　　　图 3-253

（11）选择"钢笔"工具 ✎，在适当的位置绘制一条曲线，如图 3-254 所示。选择"路径文字"工具 ✎，在曲线路径上单击鼠标左键，出现一个带有选中文本的文本区域，如图 3-255 所示。输入需要的文字，在属性栏中选择合适的字体并设置适当的文字大小，效果如图 3-256 所示。单击属性栏中的"居中对齐"按钮 ≡，效果如图 3-257 所示。

图 3-254　　　　　　　　　　　图 3-255

图 3-256　　　　　　　　　　　图 3-257

（12）在"字符"控制面板中，将"设置所选字符的字距调整"选项 ⅤⒶ 设为 400，其他选项的设置如图 3-258 所示。按 Enter 键确定操作，效果如图 3-259 所示。

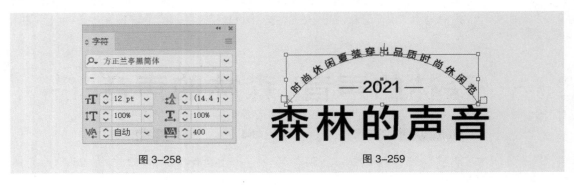

图 3-258　　　　　　　　　　　图 3-259

（13）选择"直排文字"工具 ，在适当的位置输入需要的文字。选择"选择"工具 ，在属性栏中选择合适的字体并设置文字大小，效果如图 3-260 所示。

（14）在"字符"控制面板中，将"设置所选字符的字距调整"选项 设为 180，其他选项的设置如图 3-261 所示。按 Enter 键确定操作，效果如图 3-262 所示。

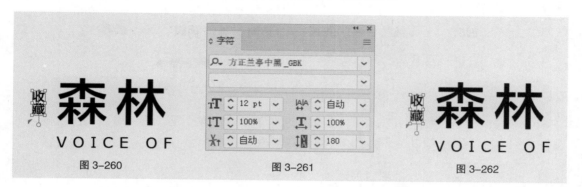

图 3-260　　　　　　　　　　图 3-261　　　　　　　　　　图 3-262

（15）选择"直线段"工具 ，按住 Shift 键的同时，在适当的位置绘制一条竖线，效果如图 3-263 所示。设置描边色为草绿色（140、177、125），填充描边，效果如图 3-264 所示。

（16）选择"窗口 > 描边"命令，弹出"描边"控制面板。勾选"虚线"复选项，数值被激活，各选项的设置如图 3-265 所示。按 Enter 键确定操作，效果如图 3-266 所示。

图 3-263　　　　　图 3-264　　　　　图 3-265　　　　　图 3-266

（17）选择"选择"工具 ，按住 Shift 键的同时，单击上方文字将其同时选取。按住 Alt+Shift 组合键的同时，水平向右拖曳文字和图形到适当的位置，复制文字和图形，效果如图 3-267 所示。选择"直排文字"工具 ，选取并重新输入需要的文字，效果如图 3-268 所示。

图 3-267　　　　　　　　　　　　图 3-268

（18）选择"矩形"工具□，在适当的位置绘制一个矩形，设置描边色为草绿色（140、177、125），填充描边，效果如图 3-269 所示。

（19）选择"文字"工具T，在适当的位置输入需要的文字。选择"选择"工具▶，在属性栏中选择合适的字体并设置文字大小，效果如图 3-270 所示。

图 3-269　　　　　　　　　　　　　图 3-270

（20）在"字符"控制面板中，将"设置所选字符的字距调整"选项Ⅷ设为 180，其他选项的设置如图 3-271 所示。按 Enter 键确定操作，效果如图 3-272 所示。

图 3-271　　　　　　　　　　　　　图 3-272

（21）选择"直线段"工具／，按住 Shift 键的同时，在适当的位置绘制一条直线，效果如图 3-273 所示。选择"吸管"工具／，将吸管图标／放置在上方虚线上，单击鼠标左键吸取属性，如图 3-274 所示。

图 3-273　　　　　　　　　　　　　图 3-274

（22）选择"选择"工具▶，按住 Alt+Shift 组合键的同时，水平向右拖曳直线到适当的位置，复制直线，效果如图 3-275 所示。文字海报制作完成，效果如图 3-276 所示。

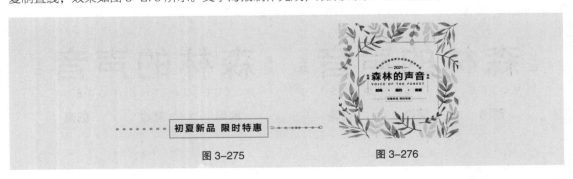

图 3-275　　　　　　　　　　　　　图 3-276

3.4.2 文字工具

利用"文字"工具 **T** 和"直排文字"工具 **IT** 可以直接输入沿水平方向和直排方向排列的文本。

1. 输入点文本

选择"文字"工具 **T** 或"直排文字"工具 **IT**,在绘图页面中单击鼠标左键,出现一个带有选中文本的文本区域,如图 3-277 所示。切换到需要的输入法并输入文本,如图 3-278 所示。

图 3-277　　　　　　　　　　　　　　　图 3-278

> **提示:当输入文本需要换行时,按 Enter 键即可开始新的一行。**

结束文字的输入后,单击"选择"工具 **▶** 即可选中所输入的文字,这时文字周围将出现一个选择框,文本上的细线是文字基线的位置,效果如图 3-279 所示。

2. 输入文本框

使用"文字"工具 **T** 或"直排文字"工具 **IT** 可以绘制一个文本框,然后可在文本框中输入文字。

选择"文字"工具 **T** 或"直排文字"工具 **IT**,在页面中需要输入文字的位置单击并按住鼠标左键拖曳,如图 3-280 所示。当绘制的文本框大小符合需要时,释放鼠标,页面上会出现一个蓝色边框且带有选中文本的矩形文本框,如图 3-281 所示。

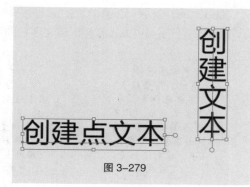

图 3-279

可以在矩形文本框中输入文字,输入的文字将在指定的区域内排列,如图 3-282 所示。当输入的文字到矩形文本框的边界时,文字将自动换行,文本框的效果如图 3-283 所示。

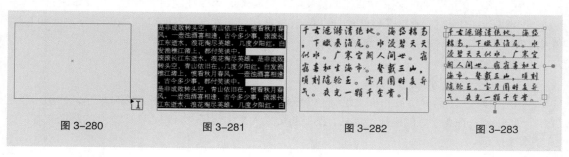

图 3-280　　　　　图 3-281　　　　　图 3-282　　　　　图 3-283

3.4.3 区域文字工具

在 Illustrator CC 2019 中，我们还可以创建任意形状的文本对象。

绘制一个填充颜色的图形对象，如图 3-284 所示。选择"文字"工具 T 或"区域文字"工具 回，将鼠标指针移动到图形对象的边框上时，指针将变成"I"形状，如图 3-285 所示。在图形对象上单击，图形对象的填充和描边填充属性被取消，图形对象转换为文本路径，并且在图形对象内出现一个带有选中文本的区域，如图 3-286 所示。

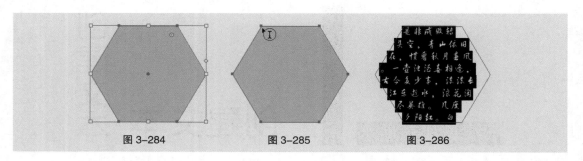

| 图 3-284 | 图 3-285 | 图 3-286 |

在选中文本区域输入文字，输入的文本会按水平方向在该对象内排列。如果输入的文字超出了文本路径所能容纳的范围，将出现文本溢出的现象，这时文本路径的右下角会出现一个红色"田"号标志的小正方形，如图 3-287 所示。

使用"选择"工具 ▶ 选中文本路径，拖曳文本路径周围的控制点来调整文本路径的大小，可以显示所有的文字，如图 3-288 所示。

使用"直排文字"工具 IT 或"直排区域文字"工具 回 与使用"文字"工具 T 的方法是一样的，但"直排文字"工具 IT 或"直排区域文字"工具 回 在文本路径中创建的是竖排文字，如图 3-289 所示。

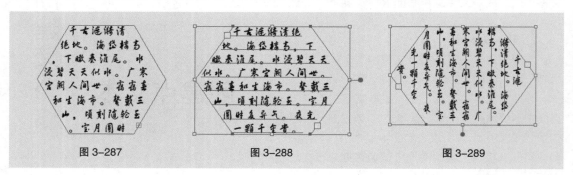

| 图 3-287 | 图 3-288 | 图 3-289 |

3.4.4 路径文字工具

使用"路径文字"工具 ✎ 和"直排路径文字"工具 ✎，可以在创建文本时，让文本沿着一个开放或闭合路径的边缘进行水平或垂直方向的排列，路径可以是规则或不规则的。如果使用这两种工具，原来的路径将不再具有填充或描边填充的属性。

1. 创建路径文本

（1）沿路径创建水平方向文本。

使用"钢笔"工具 ✎，在页面上绘制一个任意形状的开放路径，如图 3-290 所示。使用"路径文字"工具 ✎，在绘制好的路径上单击，路径将转换为文本路径，且带有选中文本的路径文本，如图 3-291 所示。

图 3-290   图 3-291

在选中文本区域输入所需要的文字，文字将会沿着路径排列，文字的基线与路径是平行的，效果如图 3-292 所示。

（2）沿路径创建垂直方向文本。

使用"钢笔"工具 ，在页面上绘制一个任意形状的开放路径，使用"直排路径文字"工具 在绘制好的路径上单击，路径将转换为文本路径，且带有选中文本的路径文本，如图 3-293 所示。

图 3-292

在光标处输入所需要的文字，文字将会沿着路径排列，文字的基线与路径是直排的，效果如图 3-294 所示。

图 3-293   图 3-294

2. 编辑路径文本

如果对创建的路径文本不满意，可以对其进行编辑。

选择"选择"工具 或"直接选择"工具 ，选取要编辑的路径文本。这时在文本开始处会出现一个"I"形的符号，如图 3-295 所示。

拖曳文字左侧的"I"形符号，可沿路径移动文本，效果如图 3-296 所示。还可以按住"I"形的符号向路径相反的方向拖曳，文本会翻转方向，效果如图 3-297 所示。

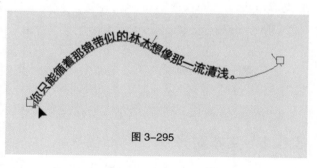

图 3-295

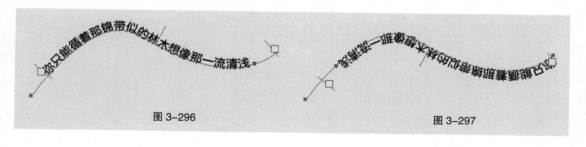

图 3-296   图 3-297

3.5　设置字符格式

在 Illustrator CC 2019 中，我们可以设定字符的格式。这些格式包括文字的字体、字号、颜色和字符间距等。

选择"窗口 > 文字 > 字符"命令（组合键为 Ctrl+T），弹出"字符"控制面板，如图 3-298 所示。

"设置字体系列"选项：单击选项文本框右侧的按钮，可以从弹出的下拉列表中选择一种需要的字体。

"设置字体大小"选项：用于控制文本的大小，单击数值框左侧的上、下微调按钮，可以逐级调整字号大小的数值。

"设置行距"选项：用于控制文本的行距，定义文本中行与行之间的距离。

"垂直缩放"选项：可以使文字尺寸横向保持不变，纵向被缩放，缩放比例小于 100% 表示文字被压扁，大于 100% 表示文字被拉长。

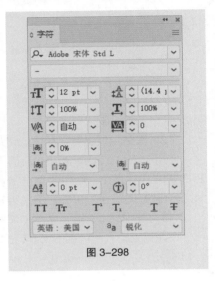

图 3-298

"水平缩放"选项：可以使文字的纵向大小保持不变，横向被缩放，缩放比例小于 100% 表示文字被压扁，大于 100% 表示文字被拉伸。

"设置两个字符间的字距微调"选项：用于细微地调整两个字符之间的水平间距。输入正值时，字距变大，输入负值时，字距变小。

"设置所选字符的字距调整"选项：用于调整字符与字符之间的距离。

"设置基线偏移"选项：用于调节文字的上下位置。可以通过此项设置为文字制作上标或下标。正值时表示文字上移，负值时表示文字下移。

"字符旋转"选项：用于设置字符的旋转角度。

3.6　设置段落格式

"段落"控制面板提供了文本对齐、段落缩进、段落间距以及制表符等设置，可用于处理较长的文本。选择"窗口 > 文字 > 段落"命令（组合键为 Alt+Ctrl+T），弹出"段落"控制面板，如图 3-299 所示。

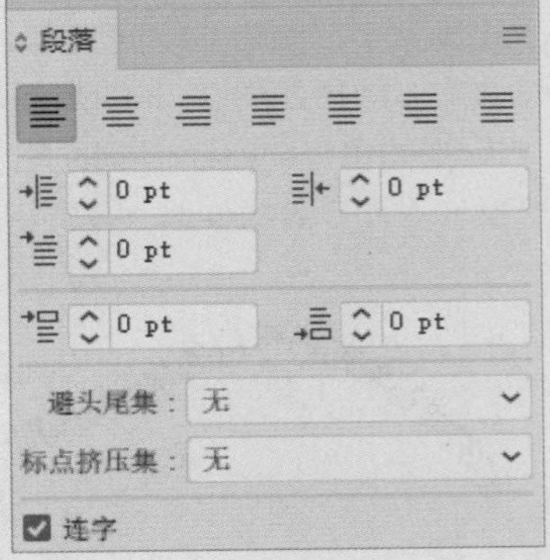

3.6.1　文本对齐

文本对齐是指所有的文字在段落中按一定的标准有序地排列。Illustrator CC 2019 提供了 7 种文本对齐的方式，分别为左对齐、居中对齐、右对齐、两端对齐末行左对齐、两端对齐末行居中对齐、两端对齐末行右对齐和全部两端对齐。

选中要对齐的段落文本，单击"段落"控制面板中的各个对齐方式按钮，应用不同对齐方式的段落文本效果如图 3-300 所示。

图 3-299

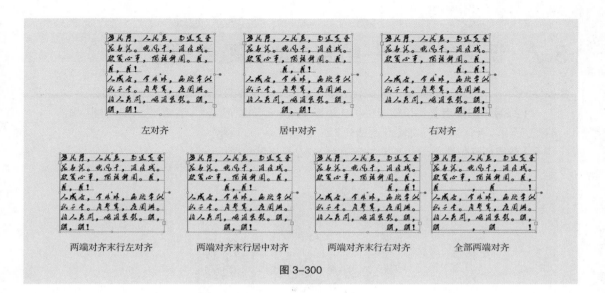

左对齐　　　　　　　居中对齐　　　　　　　右对齐

两端对齐末行左对齐　　两端对齐末行居中对齐　　两端对齐末行右对齐　　全部两端对齐

图 3-300

3.6.2 段落缩进

段落缩进是指在一个段落文本开始时需要空出的字符位置。选定的段落文本可以是文本块、区域文本或文本路径。段落缩进有 5 种方式："左缩进" 、"右缩进" 、"首行左缩进" 、"段前间距" 和"段后间距" 。

选中段落文本，单击"左缩进"图标 或"右缩进"图标 ，在缩进数值框内输入合适的数值。单击"左缩进"图标或"右缩进"图标右边的上下微调按钮 ，一次可以调整 1pt。在缩进数值框内输入正值时，表示文本框和文本之间的距离拉开；输入负值时，表示文本框和文本之间的距离缩小。

单击"首行左缩进"图标 ，在第 1 行左缩进数值框内输入数值可以设置首行缩进后空出的字符位置。应用"段前间距"图标 和"段后间距"图标 ，可以设置段落间的距离。

选中要缩进的段落文本，单击"段落"控制面板中的各个缩进方式按钮，应用不同缩进方式的段落文本效果如图 3-301 所示。

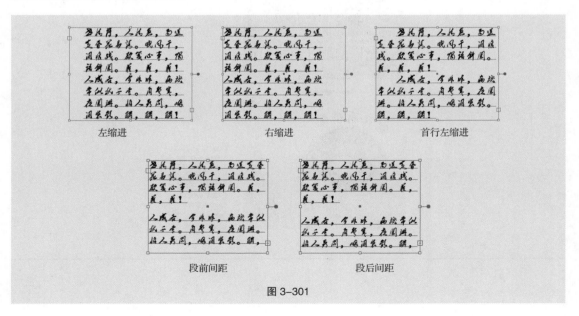

左缩进　　　　　　　右缩进　　　　　　　首行左缩进

段前间距　　　　　　段后间距

图 3-301

3.7　课堂练习——绘制金刚区歌单图标

【练习知识要点】使用椭圆工具、矩形工具、圆角矩形工具、"创建渐变网格"命令、渐变工具和"剪切蒙版"命令绘制话筒。效果如图 3-302 所示。

【效果所在位置】云盘 /Ch03/ 效果 / 绘制金刚区歌单图标 .ai。

扫码观看
本案例视频

图 3-302

3.8　课后习题——制作美食线下海报

【习题知识要点】使用文本工具、"字符"控制面板添加并编辑标题文字；使用钢笔工具、路径文字工具制作路径文字。效果如图 3-303 所示。

【效果所在位置】云盘 /Ch03/ 效果 / 制作美食线下海报 .ai。

扫码观看
本案例视频

图 3-303

第 4 章

04

图层与蒙版

▶ **本章介绍**

　　本章将重点讲解 Illustrator CC 2019 中图层和蒙版的使用方法。掌握图层和蒙版的功能，可以在设计中提高效率，快速、准确地设计和制作出精美的平面设计作品。

知识目标

● 了解图层的含义与"图层"控制面板的结构。

● 掌握图层的基本操作方法。

● 掌握剪切蒙版的创建和编辑方法。

● 掌握不透明蒙版的使用方法。

技能目标

● 掌握"礼券"的制作方法。

● 掌握"时尚杂志封面"的制作方法。

● 掌握"旅游海报"的制作方法。

图层与蒙版

4.1 图层的使用

在平面设计中，特别是包含复杂图形的设计中，我们通常需要在页面上创建多个对象。由于每个对象的大小不一致，小的对象可能隐藏在大的对象下面，这样，选择和查看对象就很不方便。使用图层来管理对象，就可以很好地解决这个问题。图层就像一个文件夹，它可包含多个对象，也可以对图层进行多种编辑。

选择"窗口 > 图层"命令（快捷键为 F7），弹出"图层"控制面板，如图 4-1 所示。

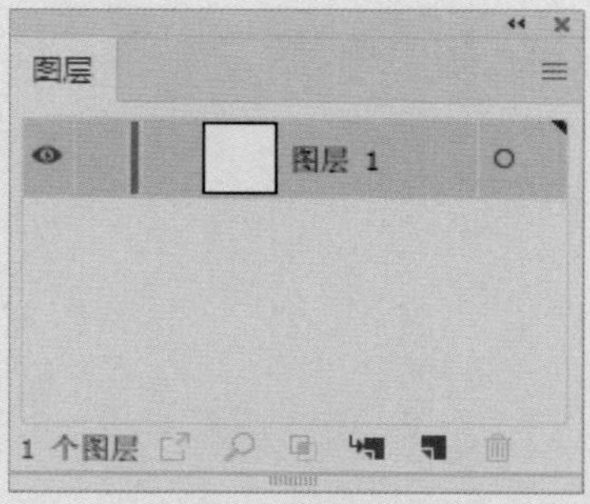

图 4-1

4.1.1 课堂案例——制作礼券

【案例学习目标】学习使用文字工具和"图层"控制面板制作礼券。

【案例知识要点】使用"置入"命令置入底图；使用椭圆工具、"缩放"命令、渐变工具和圆角矩形工具制作装饰图形；使用矩形工具、"剪切蒙版"命令制作图片的剪切蒙版效果；使用文字工具、"字符"控制面板和"段落"控制面板添加内页文字。礼券效果如图 4-2 所示。

【效果所在位置】云盘 /Ch04/ 效果 / 制作礼券 .ai。

扫码观看
本案例视频 1

扫码观看
本案例视频 2

扫码查看
扩展案例

图 4-2

1. 制作礼券正面

（1）按 Ctrl+N 组合键，弹出"新建文档"对话框，设置文档的宽度为 180mm，高度为 90mm，取向为竖向，出血为 3mm，颜色模式为 CMYK，单击"创建"按钮，新建一个文档。

（2）选择"窗口 > 图层"命令，弹出"图层"控制面板。双击"图层 1"，弹出"图层选项"对话框，选项的设置如图 4-3 所示。单击"确定"按钮，"图层"控制面板显示如图 4-4 所示。

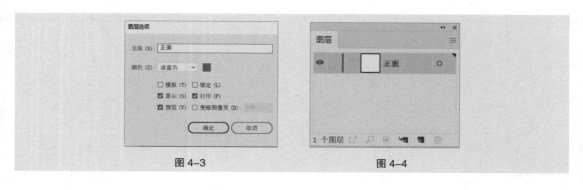

图 4-3

图 4-4

Illustrator CC 2019 核心应用案例教程（全彩慕课版）

（3）选择"文件 > 置入"命令，弹出"置入"对话框，选择云盘中的"Ch04 > 素材 > 制作礼券 > 01"文件，单击"置入"按钮，在页面中单击置入图片。单击属性栏中的"嵌入"按钮，嵌入图片。选择"选择"工具▶，拖曳图片到适当的位置，效果如图4-5所示。按Ctrl+2组合键，锁定所选对象。

（4）选择"椭圆"工具◯，按住Shift键的同时，在适当的位置绘制一个圆形，设置描边色为土黄色（18、52、90、0），填充描边，效果如图4-6所示。

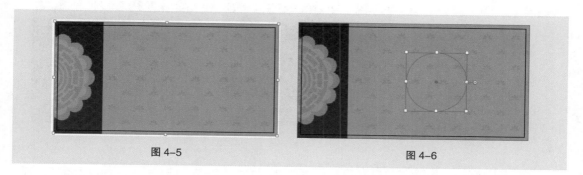

图4-5　　　　　　　　　　　　图4-6

（5）选择"对象 > 变换 > 缩放"命令，在弹出的"比例缩放"对话框中进行设置，如图4-7所示。单击"复制"按钮，缩小并复制圆形，效果如图4-8所示。

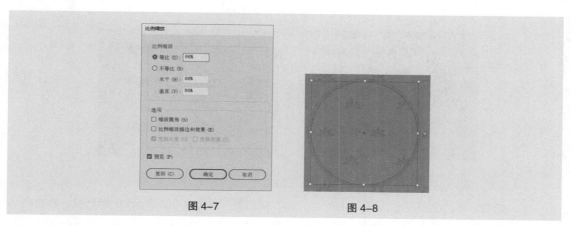

图4-7　　　　　　　　　　　　图4-8

（6）按Ctrl+D组合键，再复制出一个圆形，效果如图4-9所示。双击"渐变"工具▣，弹出"渐变"控制面板，选中"线性渐变"按钮▣，在色带上设置2个渐变滑块，分别将渐变滑块的位置设为0、100，并设置C、M、Y、K的值分别为0（90、76、31、0）、100（95、93、44、11），其他选项的设置如图4-10所示。图形被填充为渐变色，并设置了描边色为无，效果如图4-11所示。

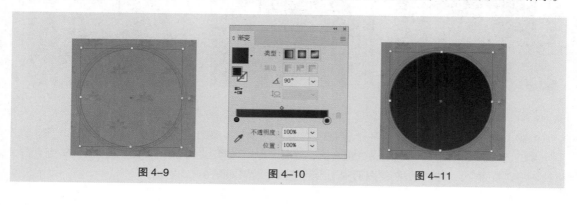

图4-9　　　　　　图4-10　　　　　　图4-11

（7）选择"圆角矩形"工具 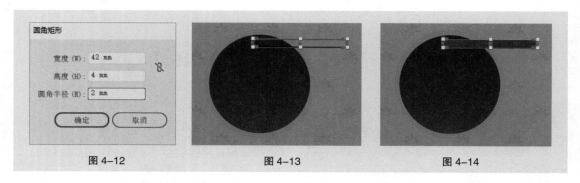，在页面中单击鼠标左键，弹出"圆角矩形"对话框，选项的设置如图4-12所示。单击"确定"按钮，出现一个圆角矩形。选择"选择"工具 ▶，拖曳圆角矩形到适当的位置，效果如图4-13所示。设置填充色为深蓝色（90、76、31、0），填充图形，并设置描边色为无，效果如图4-14所示。

图 4-12　　　　　　　　　　　图 4-13　　　　　　　　　　　图 4-14

（8）用相同的方法绘制其他圆角矩形，并填充相同的颜色，效果如图4-15所示。选择"选择"工具 ▶，按住Shift键的同时，依次单击深蓝色圆角矩形将其同时选取，按Ctrl+G组合键，将其编组，如图4-16所示。

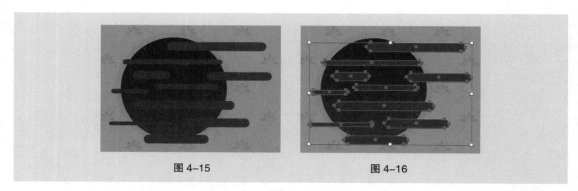

图 4-15　　　　　　　　　　　　　　　图 4-16

（9）选取下方的渐变圆形，按Ctrl+C组合键，复制圆形，按Shift+Ctrl+V组合键，就地粘贴圆形，如图4-17所示。按住Shift键的同时，单击下方深蓝色编组图形将其同时选取，如图4-18所示。按Ctrl+7组合键，建立剪切蒙版，效果如图4-19所示。

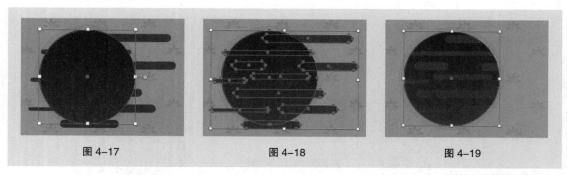

图 4-17　　　　　　　　　　图 4-18　　　　　　　　　　图 4-19

（10）按Ctrl+O组合键，打开云盘中的"Ch04 > 素材 > 制作礼券 > 02"文件，选择"选择"工具 ▶，选取需要的图形，按Ctrl+C组合键，复制图形。选择正在编辑的页面，按Ctrl+V组合键，将其粘贴到页面中，并拖曳复制的图形到适当的位置，效果如图4-20所示。

（11）选择"直排文字"工具 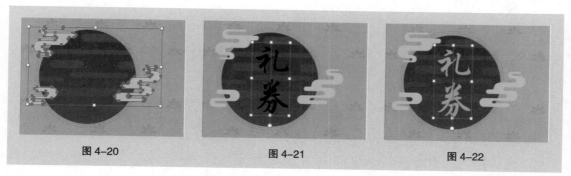，在适当的位置输入需要的文字。选择"选择"工具 ，在属性栏中选择合适的字体并设置文字大小，如图4-21所示。设置填充色为橘黄色（11、40、89、0），填充文字，效果如图4-22所示。

图4-20　　　　　　　　　　图4-21　　　　　　　　　　图4-22

（12）选择"文件 > 置入"命令，弹出"置入"对话框，选择云盘中的"Ch04 > 素材 > 制作礼券 > 03"文件，单击"置入"按钮，在页面中单击置入图片。单击属性栏中的"嵌入"按钮，嵌入图片。选择"选择"工具 ，拖曳图片到适当的位置，效果如图4-23所示。

（13）选择"直排文字"工具 ，在适当的位置输入需要的文字。选择"选择"工具 ，在属性栏中选择合适的字体并设置文字大小，如图4-24所示。设置填充色为红色（29、95、73、0），填充文字，效果如图4-25所示。

图4-23　　　　　　　　　　图4-24　　　　　　图4-25

（14）按 Ctrl+T 组合键，弹出"字符"控制面板，将"设置所选字符的字距调整"选项 设为100，其他选项的设置如图4-26所示。按 Enter 键确定操作，效果如图4-27所示。

（15）选择"文字"工具 T，在适当的位置分别输入需要的文字。选择"选择"工具 ，在属性栏中分别选择合适的字体并设置文字大小，效果如图4-28所示。

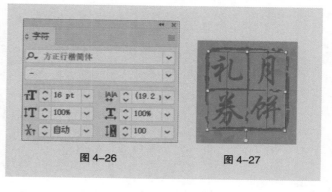

图4-26　　　　　　　　图4-27

（16）选择"文字"工具 T，在适当的位置单击鼠标左键，插入光标，如图4-29所示。选择"文字 > 字形"命令，弹出"字形"控制面板，设置字体并选择需要的字形，如图4-30所示。双击鼠标左键插入字形，效果如图4-31所示。

图 4-28

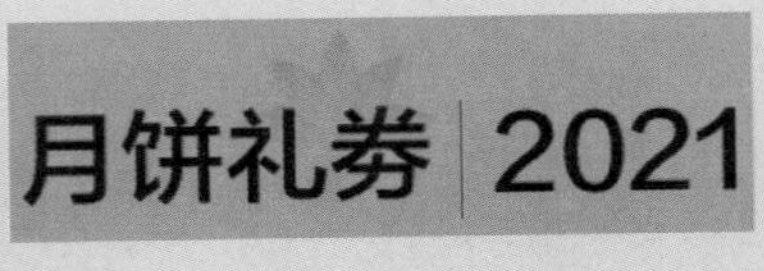

图 4-29

图 4-30

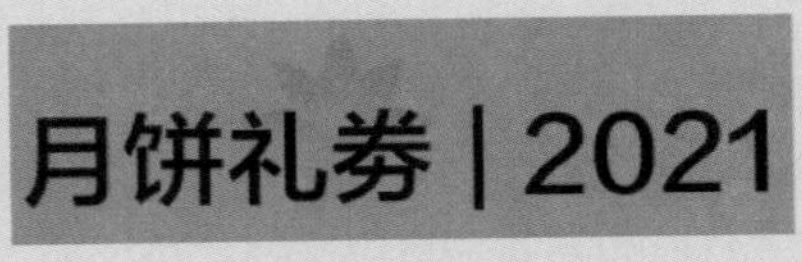

图 4-31

（17）选择"选择"工具 ▶，用框选的
方法将需要的图形和文字同时选取，如图 4-32
所示。按 Ctrl+C 组合键，复制图形。（此图
形和文字作为备用。）

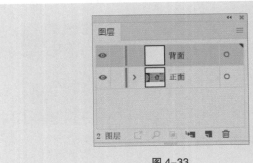

2. 制作礼券背面

（1）单击"图层"控制面板下方的"创
建新图层"按钮 ▣，生成新的图层并将其命
名为"背面"，如图 4-33 所示。单击"正面"
图层左侧的眼睛 ◉ 图标，将"正面"图层隐藏，
如图 4-34 所示。

图 4-32

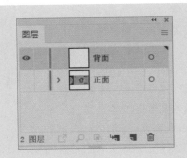

图 4-33

图 4-34

（2）选择"文件 > 置入"命令，弹出"置入"对话框，选择云盘中的"Ch04 > 素材 > 制作礼
券 > 04"文件，单击"置入"按钮，在页面中单击置入图片。单击属性栏中的"嵌入"按钮，嵌入图片。
选择"选择"工具 ▶，拖曳图片到适当的位置，效果如图 4-35 所示。

（3）按 Ctrl+2 组合键，锁定所选对象。按 Shift+Ctrl+V 组合键，就地粘贴图形和文字（备用），如图 4-36 所示。

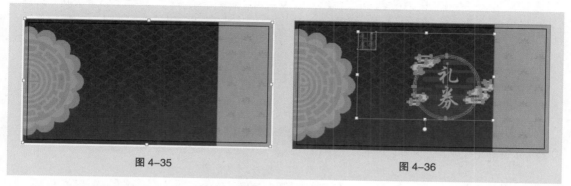

图 4-35 图 4-36

（4）分别调整图形和文字的位置，效果如图 4-37 所示。选择"文字"工具 **T**，选取并重新输入文字，效果如图 4-38 所示。

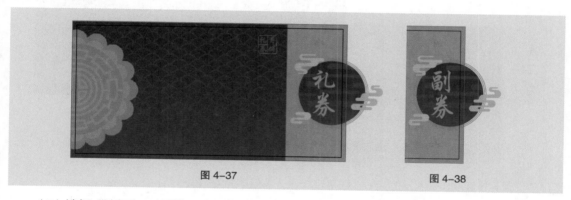

图 4-37 图 4-38

（5）选择"选择"工具 ▶，用框选的方法将需要的图形和文字同时选取，按 Ctrl+G 组合键，将其编组，如图 4-39 所示。选择"矩形"工具 □，在适当的位置绘制一个矩形，如图 4-40 所示。

（6）选择"选择"工具 ▶，按住 Shift 键的同时，单击下方编组图形将其同时选取，如图 4-41 所示。按 Ctrl+7 组合键，建立剪切蒙版，效果如图 4-42 所示。

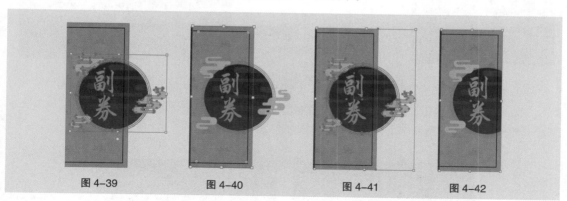

图 4-39 图 4-40 图 4-41 图 4-42

（7）选择"文字"工具 **T**，在适当的位置输入需要的文字。选择"选择"工具 ▶，在属性栏中选择合适的字体并设置文字大小，效果如图 4-43 所示。设置填充色为橘黄色（11、40、89、0），填充文字，效果如图 4-44 所示。

图 4-43　　　　　　　　　　　　　　　图 4-44

（8）在"字符"控制面板中，将"设置行距"选项 设为 12 pt，其他选项的设置如图 4-45 所示。按 Enter 键确定操作，效果如图 4-46 所示。

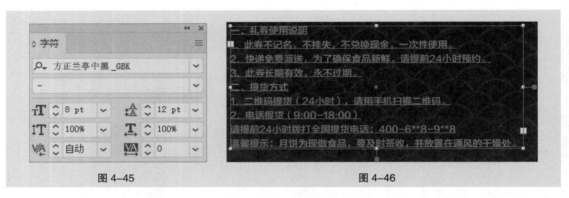

图 4-45　　　　　　　　　　　　　　　图 4-46

（9）选择"文字"工具 T，选取需要的文字，在属性栏中选择合适的字体，效果如图 4-47 所示。选择"窗口 > 文字 > 段落"命令，弹出"段落"控制面板，将"左缩进"选项 设为 –6 pt，其他选项的设置如图 4-48 所示。按 Enter 键确定操作，效果如图 4-49 所示。

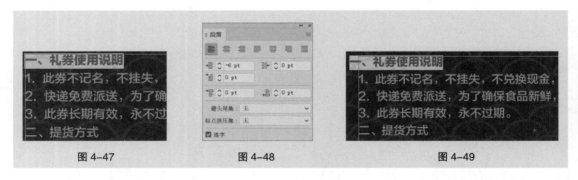

图 4-47　　　　　　　　　图 4-48　　　　　　　　　图 4-49

（10）使用"文字"工具 T，选取需要的文字，如图 4-50 所示。选择"吸管"工具，将吸管图标 放置在上方标题文字上，单击鼠标左键吸取属性，效果如图 4-51 所示。

图 4-50　　　　　　　　　　　　　　　图 4-51

（11）选择"矩形网格"工具■，在页面中单击鼠标左键，弹出"矩形网格工具选项"对话框，设置如图 4-52 所示。单击"确定"按钮，出现一个矩形网格。选择"选择"工具▶，拖曳矩形网格到适当的位置，效果如图 4-53 所示。

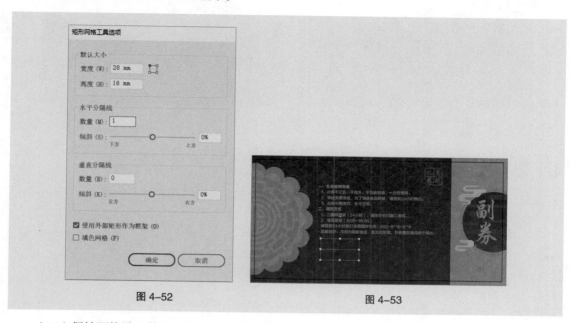

图 4-52　　　　　　　　　　　　　　　　　　　图 4-53

（12）保持网格选取状态。设置描边色为橘黄色（11、40、89、0），填充描边，效果如图 4-54 所示。

（13）选择"文字"工具 T，在适当的位置输入需要的文字。选择"选择"工具▶，在属性栏中选择合适的字体并设置文字大小，效果如图 4-55 所示。设置填充色为橘黄色（11、40、89、0），填充文字，效果如图 4-56 所示。

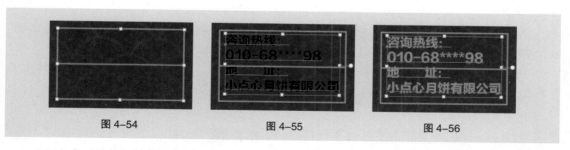

图 4-54　　　　　　　　　　图 4-55　　　　　　　　　　图 4-56

（14）在"字符"控制面板中，将"设置行距"选项 设为 11pt，其他选项的设置如图 4-57 所示。按 Enter 键确定操作，效果如图 4-58 所示。

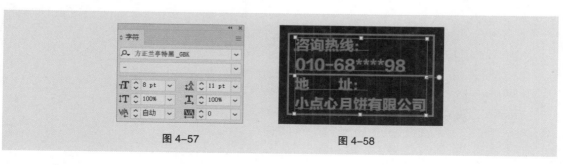

图 4-57　　　　　　　　　　　　　　　图 4-58

（15）在页面空白处单击，取消文字选取状态，礼券正、背面制作完成，效果如图 4-59 所示。

图 4-59

4.1.2 "图层"控制面板

打开一幅图像，选择"窗口 > 图层"命令，弹出"图层"控制面板，如图 4-60 所示。

在"图层"控制面板的右上方有两个系统按钮 ⟪ ✕，分别是"折叠为图标"按钮和"关闭"按钮。单击"折叠为图标"按钮，可以将"图层"控制面板折叠为图标；单击"关闭"按钮，可以关闭"图层"控制面板。

图层名称显示在当前图层中。默认状态下，在新建图层时，如果未指定名称，程序将以递增的数字为图层指定名称，如图层 1、图层 2 等；也可以根据需要为图层重新命名。

单击图层名称前的箭头按钮 ⟩，可以展开或折叠图层。

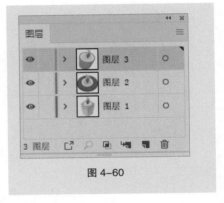

图 4-60

当按钮为 ⟩ 时，表示此图层中的内容处于未显示状态，单击此按钮就可以展开当前图层中所有的选项；当按钮为 ⌄ 时，表示显示了图层中的选项，单击此按钮，可以将图层折叠起来，这样可以节省"图层"控制面板的空间。

眼睛图标 👁 用于显示或隐藏图层；图层右上方的黑色三角形图标 ◣，表示当前图层正被编辑；锁定图标 🔒 表示当前图层和透明区域被锁定，不能被编辑。

在"图层"控制面板的最下面有 6 个按钮，如图 4-61 所示，从左至右依次是：收集以导出、定位对象、建立 / 释放剪切蒙版、创建新子图层、创建新图层和删除所选图层。

🔳 ⌕ ▢ ⯁ ◣ 🗑

图 4-61

"收集以导出"按钮 🔳：单击此按钮，打开"资源导出"控制面板，可以导出当前图层的内容。

"定位对象"按钮 ⌕：单击此按钮，可以选中所选对象所在的图层。

"建立 / 释放剪切蒙版"按钮 ▢：单击此按钮，将在当前图层上建立或释放一个蒙版。

"创建新子图层"按钮 ⯁：单击此按钮，可以为当前图层新建一个子图层。

"创建新图层"按钮 ◣：单击此按钮，可以在当前图层上面新建一个图层。

"删除所选图层"按钮 🗑：即垃圾桶，可以将不想要的图层拖到此处删除。

单击"图层"控制面板右上方的图标 ≡，将弹出其下拉式菜单。

4.1.3　编辑图层

使用图层时，我们可以通过"图层"控制面板对图层进行编辑，如新建图层、新建子图层、为图层设定选项、合并图层和建立图层蒙版等，这些操作都可以通过选择"图层"控制面板下拉式菜单中的命令来完成。

1. 新建图层

（1）使用"图层"控制面板下拉式菜单。

单击"图层"控制面板右上方的图标 ≡，在弹出的菜单中选择"新建图层"命令，弹出"图层选项"对话框，如图4-62所示。"名称"项用于设定当前图层的名称；"颜色"选项用于设定新图层的颜色。设置完成后，单击"确定"按钮，可以得到一个新建的图层。

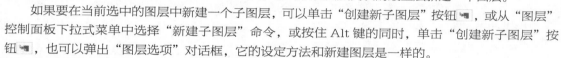

图 4-62

（2）使用"图层"控制面板按钮或快捷键。

单击"图层"控制面板下方的"创建新图层"按钮 ▣，可以创建一个新图层。

按住Alt键，单击"图层"控制面板下方的"创建新图层"按钮 ▣，将弹出"图层选项"对话框。

按住Ctrl键，单击"图层"控制面板下方的"创建新图层"按钮 ▣，不管当前选择的是哪一个图层，都可以在图层列表的最上层新建一个图层。

如果要在当前选中的图层中新建一个子图层，可以单击"创建新子图层"按钮 ▣，或从"图层"控制面板下拉式菜单中选择"新建子图层"命令，或按住Alt键的同时，单击"创建新子图层"按钮 ▣，也可以弹出"图层选项"对话框，它的设定方法和新建图层是一样的。

2. 选择图层

单击图层名称，图层会显示为深灰色，并在名称后出现一个当前图层指示图标，即黑色三角形图标 ◣，表示此图层被选择为当前图层。

按住Shift键，分别单击两个图层，即可选择两个图层之间多个连续的图层。

按住Ctrl键，逐个单击想要选择的图层，可以选择多个不连续的图层。

3. 复制图层

复制图层时，会复制图层中所包含的所有对象，包括路径、编组，以至于整个图层。

（1）使用"图层"控制面板下拉式菜单。

选择要复制的图层"图层3"，如图4-63所示。单击"图层"控制面板右上方的图标 ≡，在弹出的菜单中选择"复制图层3"命令，复制出的图层在"图层"控制面板中显示为被复制图层的副本。复制图层后，"图层"控制面板的效果如图4-64所示。

（2）使用"图层"控制面板按钮。

将"图层"控制面板中需要复制的图层拖曳到下方的"创建新图层"按钮 ▣ 上，就可以将所选的图层复制为一个新图层。

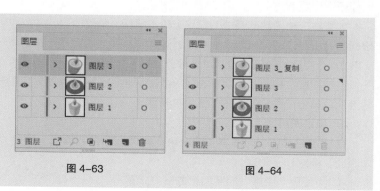

图 4-63　　　　　　　　图 4-64

4. 删除图层

（1）使用"图层"控制面板的下拉式菜单。

选择要删除的图层"图层3_复制"，如图4-65所示。单击"图层"控制面板右上方的图标 ≡，在弹出的菜单中选择"删除图层3_复制"命令，如图4-66所示，图层即可被删除。删除图层后的"图层"控制面板如图4-67所示。

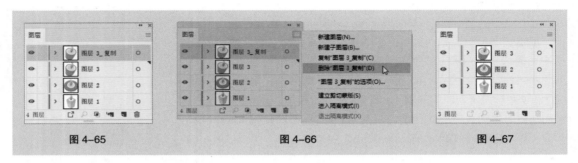

图 4-65　　　　　　　　　　　　　图 4-66　　　　　　　　　　　　　图 4-67

（2）使用"图层"控制面板按钮。

选择要删除的图层，单击"图层"控制面板下方的"删除所选图层"按钮 🗑，可以将图层删除；将需要删除的图层拖曳到"删除所选图层"按钮 🗑 上，也可以删除图层。

5. 隐藏或显示图层

隐藏一个图层时，此图层中的对象在绘图页面上将不显示。在"图层"控制面板中可以设置隐藏或显示图层。在制作或设计复杂作品时，可以快速隐藏图层中的路径、编组和对象。

（1）使用"图层"控制面板的下拉式菜单。

选中一个图层，如图4-68所示。单击"图层"控制面板右上方的图标 ≡，在弹出的菜单中选择"隐藏其他图层"命令，"图层"控制面板中除当前选中的图层外，其他图层都被隐藏，效果如图4-69所示。选择"显示所有图层"命令，可以显示所有隐藏图层。

（2）使用"图层"控制面板中的眼睛图标 👁。

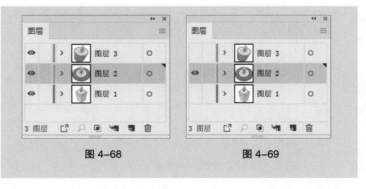

图 4-68　　　　　　　　图 4-69

在"图层"控制面板中，单击想要隐藏的图层左侧的眼睛图标 👁，图层被隐藏。再次单击眼睛图标所在位置的方框，会重新显示此图层。

如果在一个图层的眼睛图标 👁 上单击鼠标，隐藏图层，并按住鼠标左键不放，向上或向下拖曳，鼠标指针所经过的图标就会被隐藏，这样可以快速隐藏多个图层。

（3）使用"图层选项"对话框。

在"图层"控制面板中双击图层或图层名称，可以弹出"图层选项"对话框。取消勾选"显示"复选项，单击"确定"按钮，图层被隐藏。

6. 锁定图层

当锁定图层后，此图层中的对象不能再被选择或编辑。使用"图层"控制面板能够快速锁定多个路径、编组和子图层。

（1）使用"图层"控制面板的下拉式菜单。

选中一个图层，如图 4-70 所示。单击"图层"控制面板右上方的图标 ≡，在弹出的菜单中选择"锁定其他图层"命令，"图层"控制面板中除当前选中的图层外，其他所有图层都被锁定，效果如图 4-71 所示。选择"解锁所有图层"命令，可以解除所有图层的锁定。

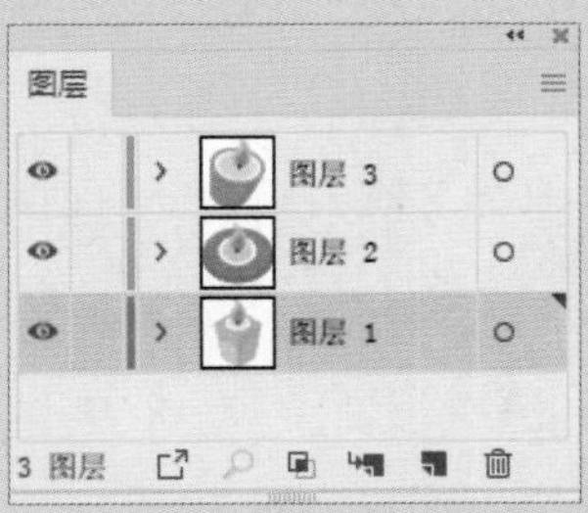

（2）使用"对象"命令。

选择"对象 > 锁定 > 其他图层"命令，可以锁定其他未被选中的图层。

（3）使用"图层"控制面板中的锁定图标 🔒。

在想要锁定的图层左侧的方框中单击鼠标，出现锁定图标 🔒，图层被锁定。再次单击锁定图标 🔒，图标消失，即解除了对此图层的锁定状态。

如果在一个图层左侧的方框中单击鼠标，锁定图层，并按住鼠标左键不放，向上或向下拖曳，鼠标指针经过的方框中出现锁定图标 🔒，可以快速锁定多个图层。

（4）使用"图层选项"对话框。

在"图层"控制面板中双击图层或图层名称，可以弹出"图层选项"对话框，选择"锁定"复选项，单击"确定"按钮，图层被锁定。

7. 合并图层

在"图层"控制面板中选择需要合并的图层，如图 4-72 所示。单击"图层"控制面板右上方的图标 ≡，在弹出的菜单中选择"合并所选图层"命令，所有选择的图层将合并到最后一个选择的图层或编组中，效果如图 4-73 所示。

选择下拉式菜单中的"拼合图稿"命令，所有可见的图层将合并为一个图层。合并图层时，不会改变对象在绘图页面上的排序。

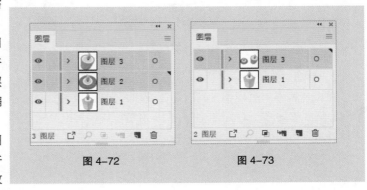

图 4-70　　　　　　　　　图 4-71

图 4-72　　　　　　　　　图 4-73

4.1.4　选择和移动对象

使用"图层"控制面板可以选择或移动图像窗口中的对象，还可以切换对象的显示模式。

1. 选择对象

（1）使用"图层"控制面板中的目标图标。

在同一图层中的几个图形对象处于未选取状态，如图 4-74 所示。单击"图层"控制面板中要选择对象所在图层右侧的目标图标 ○，目标图标变为 ◎，如图 4-75 所示。此时，图层中的对象被全部选中，效果如图 4-76 所示。

图 4-74

图 4-75

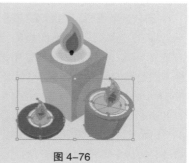
图 4-76

（2）结合快捷键并使用"图层"控制面板。

按住 Alt 键的同时，单击"图层"控制面板中的图层名称，此图层中的对象将被全部选中。

（3）使用"选择"菜单下的命令。

使用"选择"工具 ▶ 选中同一图层中的一个对象，如图 4-77 所示。选择"选择 > 对象 > 同一图层上的所有对象"命令，此图层中的对象被全部选中，如图 4-78 所示。

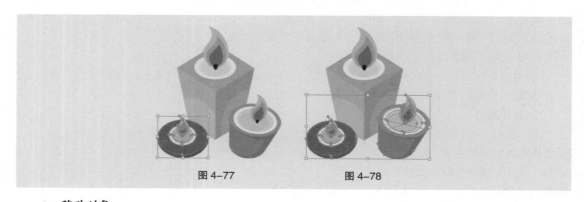

图 4-77　　　　　　　图 4-78

2. 移动对象

在设计制作的过程中，有时需要调整各图层之间的顺序，而图层中对象的位置也会相应地发生变化。选择需要移动的图层，按住鼠标左键将该图层拖曳到需要的位置，释放鼠标，图层即被移动。移动图层后，图层中的对象在绘图页面上的排列次序也会改变。

选择想要移动的"图层 1"中的对象，如图 4-79 所示，再选择"图层"控制面板中需要放置对象的"图层 3"，如图 4-80 所示，选择"对象 > 排列 > 发送至当前图层"命令，可以将对象移动到当前选中的"图层 3"中，效果如图 4-81 所示。

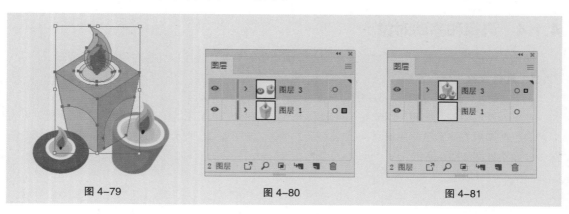

图 4-79　　　　　　　图 4-80　　　　　　　图 4-81

单击"图层 3"右边的方形图标 ■，按住鼠标左键不放，将该图标拖曳到"图层 1"中，如图 4-82 所示，可以将对象移动到"图层 1"中，效果如图 4-83 所示。

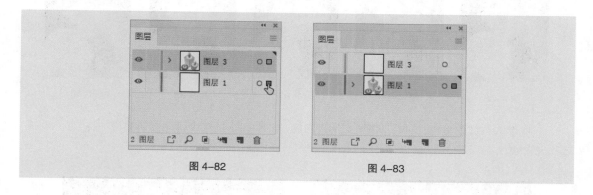

图 4-82　　　　　　　　　　　　　　　　　　图 4-83

4.2　剪切蒙版

将一个对象制作为蒙版后，对象的内部会变得完全透明，这样就可以显示下面的被蒙版对象，同时也可以遮挡住不需要显示或打印的部分。

4.2.1　课堂案例——制作时尚杂志封面

【案例学习目标】学习使用文字工具、"剪切蒙版"命令制作时尚杂志封面。

【案例知识要点】使用"置入"命令、矩形工具和"剪切蒙版"命令制作杂志背景；使用椭圆工具、直线段工具、文字工具和填充工具添加杂志名称和栏目信息。时尚杂志封面的效果如图 4-84 所示。

【效果所在位置】云盘 /Ch04/ 效果 / 制作时尚杂志封面 .ai。

图 4-84

（1）按 Ctrl+N 组合键，弹出"新建文档"对话框，设置文档的宽度为 190mm，高度为 260mm，取向为竖向，出血为 3mm，颜色模式为 CMYK，单击"创建"按钮，新建一个文档。

（2）选择"文件 > 置入"命令，弹出"置入"对话框，选择云盘中的"Ch04 > 素材 > 制作时尚杂志封面 > 01"文件，单击"置入"按钮，在页面中单击置入图片。单击属性栏中的"嵌入"按钮，嵌入图片。选择"选择"工具 ▶，拖曳图片到适当的位置，效果如图 4-85 所示。

（3）选择"矩形"工具 ■，绘制一个与页面大小相等的矩形，如图 4-86 所示。选择"选择"工具 ▶，按住 Shift 键的同时，单击下方的图片将其同时选取，按 Ctrl+7 组合键，建立剪切蒙版，效果如图 4-87 所示。按 Ctrl+2 组合键，锁定所选对象。

（4）选择"文字"工具 T，在页面中分别输入需要的文字。选择"选择"工具 ▶，在属性栏中分别选择合适的字体并设置文字大小，效果如图 4-88 所示。用框选的方法将需要的文字同时选取，设置文字填充色为洋红色（5、77、54、0），填充文字，效果如图 4-89 所示。

图 4-85

图 4-86

图 4-87

图 4-88

图 4-89

（5）选取英文"FASHION"，填充文字为白色，效果如图 4-90 所示。在属性栏中将"不透明度"选项设为 40%，按 Enter 键确定操作，效果如图 4-91 所示。

图 4-90

图 4-91

（6）选择"矩形"工具□，在适当的位置绘制一个矩形，设置填充色为洋红色（5、77、54、0），填充图形，并设置描边色为无，效果如图 4-92 所示。

（7）选择"文字"工具 T，在适当的位置分别输入需要的文字。选择"选择"工具▶，在属性栏中分别选择合适的字体并设置文字大小，效果如图 4-93 所示。

图 4-92

图 4-93

（8）选择"文字"工具 T，在适当的位置分别输入需要的文字。选择"选择"工具▶，在属性栏中分别选择合适的字体并设置文字大小，填充文字为白色，效果如图 4-94 所示。

（9）选取英文"DIY"，设置文字填充色为洋红色（5、77、54、0），填充文字，效果如图 4-95 所示。选择"文字"工具 T，选取文字"排毒"，在属性栏中选择合适的字体，效果如图 4-96 所示。

图 4-94

图 4-95

图 4-96

（10）选择"文字"工具 T，在适当的位置输入需要的文字。选择"选择"工具 ▶，在属性栏中选择合适的字体并设置文字大小，效果如图 4-97 所示。

（11）选择"椭圆"工具 ◯，按住 Shift 键的同时，在适当的位置绘制一个圆形，设置填充色为洋红色（5、77、54、0），填充图形，并设置描边色为无，效果如图 4-98 所示。

（12）选择"文字"工具 T，在适当的位置输入需要的文字。选择"选择"工具 ▶，在属性栏中选择合适的字体并设置文字大小，填充文字为白色，效果如图 4-99 所示。在属性栏中单击"居中对齐"按钮 ≡，效果如图 4-100 所示。

图 4-97　　　　　图 4-98　　　　　图 4-99　　　　　图 4-100

（13）选择"选择"工具 ▶，用框选的方法将图形和文字同时选取，如图 4-101 所示。按住 Alt+Shift 组合键的同时，水平向左拖曳图形和文字到适当的位置，复制图形和文字，效果如图 4-102 所示。按 Ctrl+D 组合键，再复制出一个图形和文字，效果如图 4-103 所示。

图 4-101　　　　　　　图 4-102　　　　　　　图 4-103

（14）选择"文字"工具 T，分别选取并重新输入需要的文字，效果如图 4-104 所示。选择"选择"工具 ▶，选取中间需要的文字，如图 4-105 所示，选择"吸管"工具 ✐，将吸管图标 ✐ 放置在左侧圆形上，单击鼠标左键吸取属性，效果如图 4-106 所示。

图 4-104　　　　　　　图 4-105　　　　　　　图 4-106

（15）选取中间圆形，如图 4-107 所示，选择"吸管"工具 ✐，将吸管图标 ✐ 放置在左侧白色文字上，单击鼠标左键吸取属性，效果如图 4-108 所示。

图 4-107　　　　　　　　　　　　　　　图 4-108

（16）选择"文字"工具 **T**，在适当的位置分别输入需要的文字。选择"选择"工具 ▶，在属性栏中分别选择合适的字体并设置文字大小，单击"右对齐"按钮 ≡，并填充文字为白色，效果如图 4-109 所示。选取文字"熬夜肌"，填充文字为黑色，效果如图 4-110 所示。

图 4-109　　　　　　　　　　　　　图 4-110

（17）选取文字"美，拒绝复刻"，设置文字填充色为洋红色（5、77、54、0），填充文字，效果如图 4-111 所示。

（18）选择"直线段"工具 ✎，按住 Shift 键的同时，在适当的位置绘制一条直线，填充描边为白色，并在属性栏中将"描边粗细"项设置为 3 pt。按 Enter 键确定操作，效果如图 4-112 所示。

图 4-111　　　　　　　　　　　图 4-112

（19）用相同的方法输入其他栏目文字，并填充相应的颜色，效果如图 4-113 所示。选择"椭圆"工具 ◯，按住 Shift 键的同时，在适当的位置绘制一个圆形，如图 4-114 所示。

（20）保持圆形选取状态。设置填充色为洋红色（5、77、54、0），填充图形，并设置描边色为无，效果如图 4-115 所示。连续按 Ctrl+［组合键，将圆形后移至适当的位置，效果如图 4-116 所示。时尚杂志封面制作完成，效果如图 4-117 所示。

图 4-113　　　　　图 4-114　　　　　图 4-115　　　　图 4-116　　　　图 4-117

4.2.2　创建剪切蒙版

使用"剪切蒙版"命令可以将蒙版的不透明度设置应用到它所覆盖的所有对象中。

1. 使用"创建"命令制作

新建文档,选择"文件 > 置入"命令,在弹出的"置入"对话框中选择图像文件,如图 4-118 所示。单击"置入"按钮,图像出现在页面中,效果如图 4-119 所示。选择"椭圆"工具○,在图像上绘制一个椭圆形作为蒙版,如图 4-120 所示。

图 4-118　　　　　　　　　　图 4-119　　　　　　　　　　图 4-120

使用"选择"工具▶,同时选中图像和椭圆形,如图 4-121 所示(作为蒙版的图形必须在图像的上面)。选择"对象 > 剪切蒙版 > 建立"命令(组合键为 Ctrl+7),制作出蒙版效果,如图 4-122 所示。图像在椭圆形蒙版外面的部分被隐藏。取消选取状态,蒙版效果如图 4-123 所示。

图 4-121　　　　　　　　　　图 4-122　　　　　　　　　　图 4-123

2. 使用鼠标右键的弹出式命令制作蒙版

使用"选择"工具▶选中图像和椭圆形,在选中的对象上单击鼠标右键,在弹出的菜单中选择"建立剪切蒙版"命令,制作出蒙版效果。

3. 用"图层"控制面板中的命令制作蒙版

使用"选择"工具▶选中图像和椭圆形,单击"图层"控制面板右上方的图标☰,在弹出的菜单中选择"建立剪切蒙版"命令,制作出蒙版效果。

4.2.3　编辑剪切蒙版

制作蒙版后,还可以对蒙版进行编辑,如查看蒙版、锁定蒙版、添加对象到蒙版和删除被蒙版的对象等操作。

1. 查看蒙版

使用"选择"工具▶选中蒙版图像,如图 4-124 所示。单击"图层"控制面板右上方的图

标 ≡ ，在弹出的菜单中选择"定位对象"命令，"图层"控制面板如图 4-125 所示，可以在"图层"控制面板中查看蒙版状态，也可以编辑蒙版。

2. 锁定蒙版

使用"选择"工具 ▶ 选中需要锁定的蒙版图像，如图 4-126 所示。选择"对象 > 锁定 > 所选对象"命令，可以锁定蒙版图像，效果如图 4-127 所示。

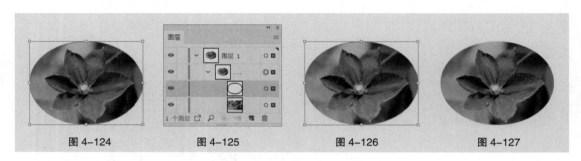

图 4-124   图 4-125   图 4-126   图 4-127

3. 添加对象到蒙版

选中要添加的对象，如图 4-128 所示。选择"编辑 > 剪切"命令，剪切该对象。使用"直接选择"工具 ▷ 选中被蒙版图形中的对象，如图 4-129 所示。选择"编辑 > 贴在前面 / 贴在后面"命令，就可以将要添加的对象粘贴到相应的蒙版图形的前面或后面，并成为图形的一部分。贴在前面的效果如图 4-130 所示。

图 4-128   图 4-129   图 4-130

4. 删除被蒙版的对象

选中被蒙版的对象，选择"编辑 > 清除"命令或按 Delete 键，即可删除被蒙版的对象。

在"图层"控制面板中选中被蒙版对象所在图层，再单击"图层"控制面板下方的"删除所选图层"按钮 🗑 ，也可删除被蒙版的对象。

4.3   "透明度"控制面板

在"透明度"控制面板中，我们可以给对象添加不透明度，还可以改变混合模式，从而制作出新的效果。

4.3.1　课堂案例——制作旅游海报

【案例学习目标】学习使用"透明度"控制面板制作海报背景。

【案例知识要点】使用矩形工具、钢笔工具和旋转工具制作海报背景；使用"透明度"

控制面板调整图片混合模式和不透明度。旅游海报的效果如图 4-131 所示。

图 4-131

【效果所在位置】云盘 /Ch04/ 效果 / 制作旅游海报 .ai。

（1）按 Ctrl+N 组合键，弹出"新建文档"对话框，设置文档的宽度为 600 px，高度为 800 px，取向为竖向，颜色模式为 RGB，单击"创建"按钮，新建一个文档。

（2）选择"矩形"工具▣，绘制一个与页面大小相等的矩形，如图 4-132 所示。设置填充色为浅黄色（255、211、133），填充图形，并设置描边色为无，效果如图 4-133 所示。

（3）选择"矩形"工具▣，在页面中绘制一个矩形，如图 4-134 所示。选择"钢笔"工具✐，在矩形下边中间的位置单击鼠标左键，添加一个锚点，如图 4-135 所示。分别在左右两侧不需要的锚点上单击鼠标左键，删除锚点，效果如图 4-136 所示。

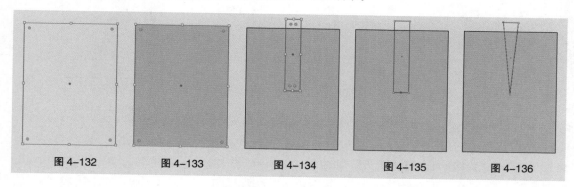

图 4-132　　　　　图 4-133　　　　　图 4-134　　　　　图 4-135　　　　　图 4-136

（4）选择"选择"工具▶，选取图形，选择"旋转"工具↻，按住 Alt 键的同时，在三角形底部锚点上单击，如图 4-137 所示，弹出"旋转"对话框，选项的设置如图 4-138 所示。单击"复制"按钮，旋转并复制图形，效果如图 4-139 所示。

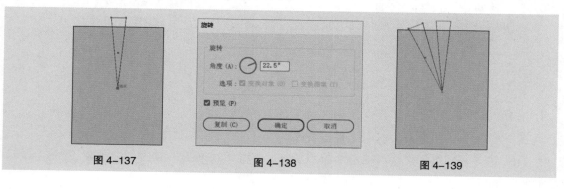

图 4-137　　　　　　　图 4-138　　　　　　　图 4-139

（5）连续按 Ctrl+D 组合键，复制出多个三角形，效果如图 4-140 所示。选择"选择"工具 ▶，按住 Shift 键的同时，依次单击复制的三角形将其同时选取，按 Ctrl+G 组合键，将其编组，如图 4-141 所示。

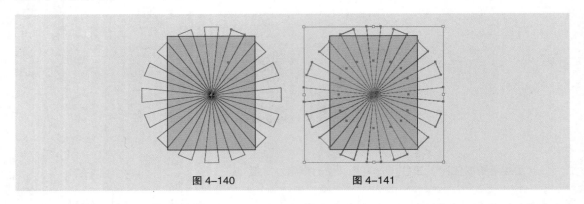

图 4-140　　　　　　　　　图 4-141

（6）填充图形为白色，并设置描边色为无，效果如图 4-142 所示。选择"窗口 > 透明度"命令，弹出"透明度"控制面板，将混合模式设为"柔光"，其他选项的设置如图 4-143 所示。按 Enter 键确定操作，效果如图 4-144 所示。

图 4-142　　　　　　　　图 4-143　　　　　　　　图 4-144

（7）选择"选择"工具 ▶，选取下方的浅黄色矩形，按 Ctrl+C 组合键，复制矩形，按 Shift+Ctrl+V 组合键，就地粘贴矩形，如图 4-145 所示。按住 Shift 键的同时，单击下方的白色编组图形将其同时选取，如图 4-146 所示。按 Ctrl+7 组合键，建立剪切蒙版，效果如图 4-147 所示。

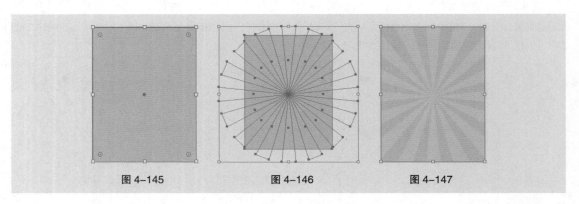

图 4-145　　　　　　　　图 4-146　　　　　　　　图 4-147

（8）按 Ctrl+O 组合键，打开云盘中的"Ch04 > 素材 > 制作旅游海报 > 01"文件。选择"选择"

工具 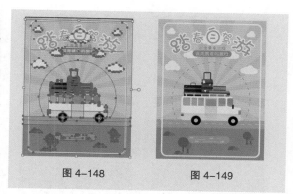，选取需要的图形，按 Ctrl+C 组合键，复制图形。选择正在编辑的页面，按 Ctrl+V 组合键，将其粘贴到页面中，并拖曳复制的图形到适当的位置，效果如图 4-148 所示。旅游海报制作完成，效果如图 4-149 所示。

4.3.2 混合模式

　　选择"窗口 > 透明度"命令（组合键为 Shift +Ctrl+ F10），弹出"透明度"控制面板，在面板中提供了 16 种混合模式，如图 4-150 所示。打开一张图像，如图 4-151 所示。在图像上选择需要的图形，如图 4-152 所示。

图 4-148　　　　　图 4-149

图 4-150　　　　　　　图 4-151　　　　　　　图 4-152

　　分别选择不同的混合模式，可以观察图像的不同变化，效果如图 4-153 所示。

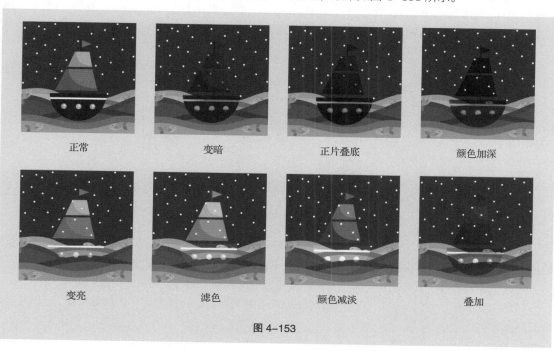

正常　　　　　　变暗　　　　　正片叠底　　　　　颜色加深

变亮　　　　　　滤色　　　　　颜色减淡　　　　　叠加

图 4-153

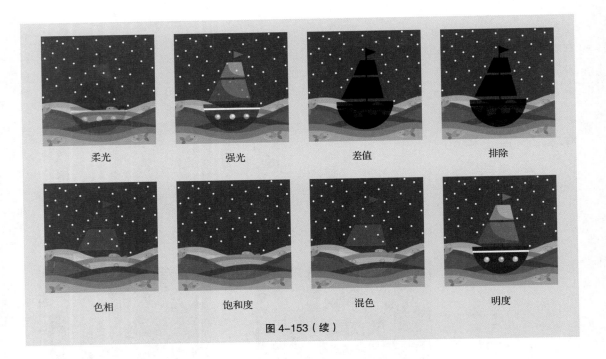

柔光　　　　　　　　　强光　　　　　　　　　差值　　　　　　　　　排除

色相　　　　　　　　　饱和度　　　　　　　　混色　　　　　　　　　明度

图 4-153（续）

4.3.3　透明度

透明度是 Illustrator 中对象的一个重要外观属性。通过设置透明度，绘图页面上的对象可以是完全透明、半透明或者不透明 3 种状态。在"透明度"控制面板中，我们可以给对象添加不透明度，还可以改变混合模式，从而制作出新的效果。

选择"窗口 > 透明度"命令（组合键为 Shift +Ctrl+ F10），弹出"透明度"控制面板，如图 4-154 所示。单击控制面板右上方的图标，在弹出的菜单中选择"显示缩览图"命令，可以将"透明度"控制面板中的缩览图显示出来，如图 4-155 所示。在弹出的菜单中选择"显示选项"命令，可以将"透明度"控制面板中的选项显示出来，如图 4-156 所示。

图 4-154　　　　　　　　　　　图 4-155　　　　　　　　　　　图 4-156

在图 4-155 所示的"透明度"控制面板中，当前选中对象的缩览图出现在其中。当"不透明度"选项设置为不同的数值时，效果如图 4-157 所示（默认状态下，对象是完全不透明的）。

勾选"隔离混合"复选项：可以使不透明度设置只影响当前组合或图层中的其他对象。

勾选"挖空组"复选项：可以使不透明度设置不影响当前组合或图层中的其他对象，但背景对象仍然受影响。

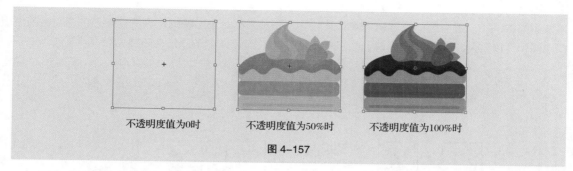

| 不透明度值为0时 | 不透明度值为50%时 | 不透明度值为100%时 |

图 4-157

勾选"不透明度和蒙版用来定义挖空形状"复选项：可以使用不透明蒙版来定义对象的不透明度所产生的效果。

选中"图层"控制面板中要改变不透明度的图层，用鼠标单击图层右侧的图标 ◎，将其定义为目标图层，在"透明度"控制面板的"不透明度"选项中调整不透明度的数值。此时的调整会影响到整个图层不透明度的设置，包括此图层中已有的对象和将来绘制的任何对象。

4.3.4　创建不透明蒙版

单击"透明度"控制面板右上方的图标 ≡，弹出其下拉菜单，如图 4-158 所示。

选择"建立不透明蒙版"命令，可以将蒙版的不透明度设置应用到它所覆盖的所有对象中。

在绘图页面中选中两个对象，如图 4-159 所示。选择"建立不透明蒙版"命令，"透明度"控制面板显示的效果如图 4-160 所示，制作的不透明蒙版的效果如图 4-161 所示。

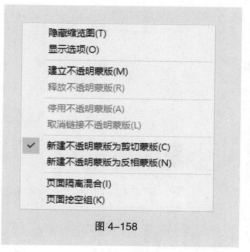

图 4-158

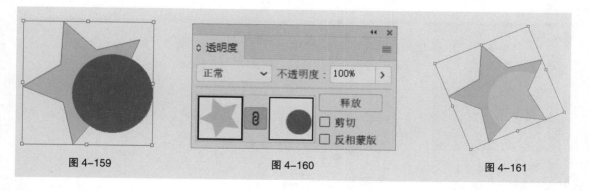

| 图 4-159 | 图 4-160 | 图 4-161 |

4.3.5　编辑不透明蒙版

在图 4-158 所示的"透明度"控制面板下拉菜单中，选择"释放不透明蒙版"命令，制作的不透明蒙版将被释放，对象恢复原来的效果。选中制作的不透明蒙版，选择"停用不透明蒙版"命令，不透明蒙版将被禁用，"透明度"控制面板的变化如图 4-162 所示。

选中制作的不透明蒙版，选择"取消链接不透明蒙版"命令，蒙版对象和被蒙版对象之间的链接关系被取消。"透明度"控制面板中，蒙版对象和被蒙版对象缩览图之间的"指示不透明蒙版链接到图稿"按钮 🔗，转换为"单击可将不透明蒙版链接到图稿"按钮 🔗，如图 4-163 所示。

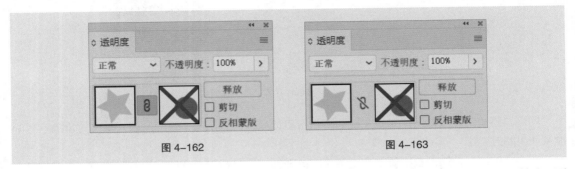

图 4-162　　　　　　　　　　　图 4-163

　　选中制作的不透明蒙版，勾选"透明度"控制面板中的"剪切"复选项，如图 4-164 所示，不透明蒙版的变化效果如图 4-165 所示。勾选"透明度"控制面板中的"反相蒙版"复选项，如图 4-166 所示，不透明蒙版的变化效果如图 4-167 所示。

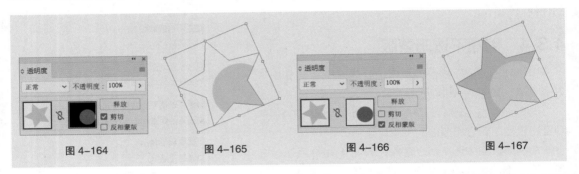

图 4-164　　　　图 4-165　　　　　图 4-166　　　　图 4-167

4.4　课堂练习——制作旅游出行微信运营海报

　　【练习知识要点】使用"置入"命令、文字工具、"建立剪切蒙版"命令添加并编辑标题文字；使用文字工具、"字符"控制面板添加宣传性文字。效果如图 4-168 所示。

　　【效果所在位置】云盘 /Ch04/ 效果 / 制作旅游出行微信运营海报 .ai。

图 4-168

4.5 课后习题——制作果蔬线下海报

【习题知识要点】使用矩形工具、钢笔工具、"置入"命令和"建立剪切蒙版"命令制作海报底图；使用文本工具、"字符"控制面板添加宣传文字。效果如图 4-169 所示。

【效果所在位置】云盘 /Ch04/ 效果 / 制作果蔬线下海报 .ai。

图 4-169

05

第 5 章
绘图

▶ **本章介绍**

　　本章将讲解 Illustrator CC 2019 中线段和网格的绘制方法，及基本图形工具的使用方法，并详细讲解使用"路径查找器"面板编辑对象的方法。认真学习本章的内容，读者可以掌握 Illustrator CC 2019 的绘图功能和其特点，以及编辑对象的方法，为进一步学习 Illustrator CC 2019 打好基础。

知识目标

● 掌握绘制线段和网格的方法。
● 熟练掌握基本图形的绘制技巧。
● 熟练掌握对象的编辑技巧。

技能目标

● 掌握"线性图标"的绘制方法。
● 掌握"人物图标"的绘制方法。
● 掌握"猫头鹰"的绘制方法。

绘图

5.1 绘制线段和网格

在平面设计中，直线和弧线是设计者经常使用的线型。使用"直线段"工具 ✏ 和"弧形"工具 ⌒ 可以创建任意的直线和弧线，对其进行编辑和变形，可以得到更多复杂的图形对象。下面我们将详细讲解这些工具的使用方法。

5.1.1 课堂案例——绘制线性图标

【案例学习目标】学习使用线段和网格工具绘制线性图标。

【案例知识要点】使用矩形工具、"缩放"命令绘制装饰框；使用极坐标网格工具绘制圆环；使用矩形网格工具绘制网格；使用形状生成器工具、"路径查找器"命令制作线性图标。效果如图 5-1 所示。

【效果所在位置】云盘 /Ch05/ 效果 / 绘制线性图标 .ai。

扫码观看
本案例视频

扫码查看
扩展案例

（1）按 Ctrl+N 组合键，弹出"新建文档"对话框，设置文档的宽度为 800 px，高度为 600 px，取向为横向，颜色模式为 RGB，单击"创建"按钮，新建一个文档。

（2）选择"矩形"工具 ▭，在页面中单击鼠标左键，弹出"矩形"对话框，项的设置如图 5-2 所示。单击"确定"按钮，出现一个正方形。选择"选择"工具 ▶，拖曳正方形到适当的位置，效果如图 5-3 所示。

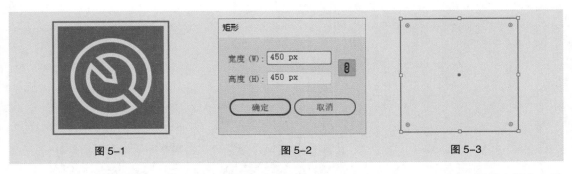

图 5-1　　　　　　　　　图 5-2　　　　　　　　　图 5-3

（3）保持图形选取状态。在属性栏中将"描边粗细"项设置为 6 pt，按 Enter 键确定操作，效果如图 5-4 所示。设置描边色为红色（234、85、20），填充描边，效果如图 5-5 所示。

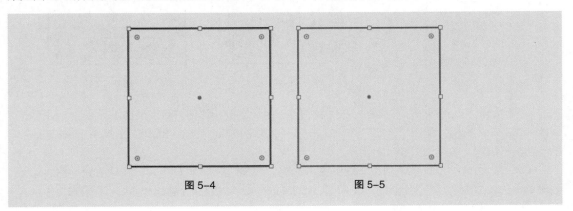

图 5-4　　　　　　　　　图 5-5

（4）选择"对象 > 变换 > 缩放"命令，在弹出的"比例缩放"对话框中进行设置，如图5-6所示。单击"复制"按钮，缩小并复制正方形，效果如图5-7所示。设置填充色为蓝色（31、144、254），填充图形，并设置描边色为无，效果如图5-8所示。

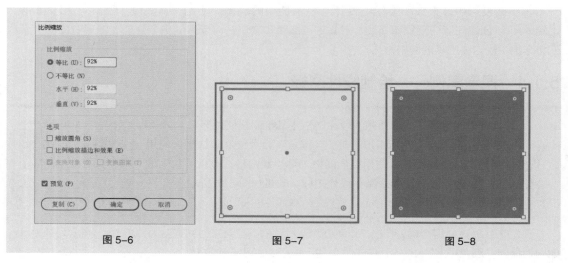

图 5-6　　　　　　　图 5-7　　　　　　　图 5-8

（5）选择"极坐标网格"工具，在页面中单击鼠标左键，弹出"极坐标网格工具选项"对话框，设置如图5-9所示。单击"确定"按钮，出现一个极坐标网格。选择"选择"工具，拖曳极坐标网格到适当的位置，效果如图5-10所示。填充描边为白色，并在属性栏中将"描边粗细"项设置为16 pt。按 Enter 键确定操作，效果如图5-11所示。

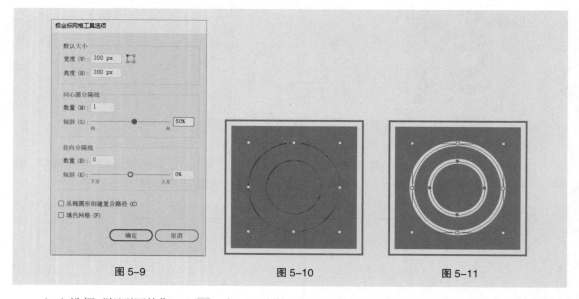

图 5-9　　　　　　　图 5-10　　　　　　　图 5-11

（6）选择"矩形网格"工具，在页面中单击鼠标左键，弹出"矩形网格工具选项"对话框，设置如图5-12所示。单击"确定"按钮，出现一个矩形网格。选择"选择"工具，拖曳矩形网格到适当的位置，效果如图5-13所示。

（7）按 Shift+Ctrl+G 组合键，取消图形编组。选择"选择"工具，按住 Shift 键的同时，依次单击选取需要的线条，如图5-14所示。按 Delete 键将其删除，效果如图5-15所示。

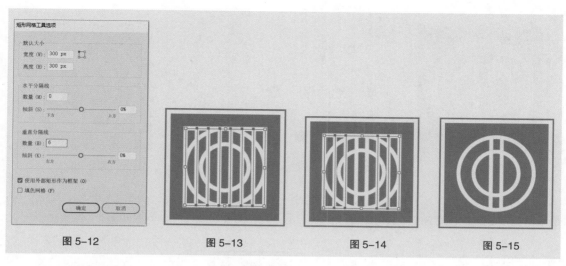

图 5-12 图 5-13 图 5-14 图 5-15

（8）选择"钢笔"工具，在适当的位置单击鼠标确定三角形的起点，如图 5-16 所示。移动鼠标指针到需要的位置，再次单击鼠标确定三角形第 2 点，如图 5-17 所示。在需要的位置再继续单击确定锚点，如图 5-18 所示。返回到原点再次单击鼠标勾勒出一个三角形，如图 5-19 所示。

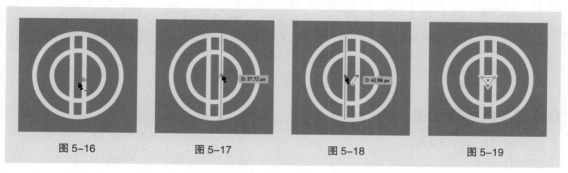

图 5-16 图 5-17 图 5-18 图 5-19

（9）选择"选择"工具，按住 Shift 键的同时，依次单击将所绘制图形同时选取，如图 5-20 所示。选择"形状生成器"工具，在适当的位置拖曳鼠标绘制虚线，如图 5-21 所示。松开鼠标后，生成新对象，效果如图 5-22 所示。

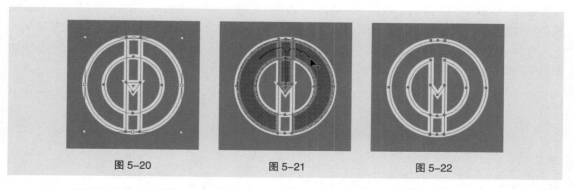

图 5-20 图 5-21 图 5-22

（10）选择"选择"工具，选取图形，按 Shift+Ctrl+G 组合键，取消图形编组，如图 5-23 所示。选择"窗口 > 路径查找器"命令，弹出"路径查找器"控制面板。单击"减去顶层"按钮，如图 5-24 所示，生成新的对象，效果如图 5-25 所示。

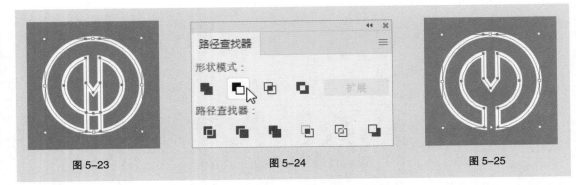

图 5-23　　　　　　　　　　　　图 5-24　　　　　　　　　　　　图 5-25

（11）选择"窗口 > 变换"命令，弹出"变换"控制面板，将"旋转"选项设为 45°，如图 5-26 所示。按 Enter 键确定操作，效果如图 5-27 所示。线性图标绘制完成，效果如图 5-28 所示。

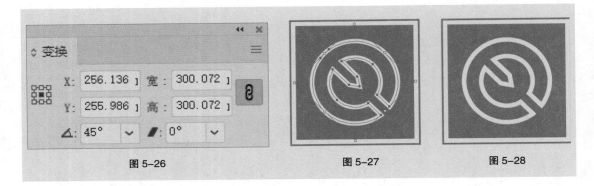

图 5-26　　　　　　　　　　　　图 5-27　　　　　　　　　　　　图 5-28

5.1.2　直线段工具

1. 拖曳鼠标绘制直线

选择"直线段"工具 ，在页面中需要的位置单击并按住鼠标左键不放，拖曳指针到需要的位置，释放鼠标左键，绘制出一条任意角度的斜线，效果如图 5-29 所示。

选择"直线段"工具 ，按住 Shift 键，在页面中需要的位置单击并按住鼠标左键不放，拖曳指针到需要的位置，释放鼠标左键，绘制出水平、垂直或 45° 角及其倍数的直线，效果如图 5-30 所示。

选择"直线段"工具 ，按住 Alt 键，在页面中需要的位置单击鼠标并按住鼠标左键不放，拖曳指针到需要的位置，释放鼠标左键，绘制出以鼠标单击点为中心的直线（由单击点向两边扩展）。

选择"直线段"工具 ，按住 ~ 键，在页面中需要的位置单击并按住鼠标左键不放，拖曳指针到需要的位置，释放鼠标左键，绘制出多条直线（系统自动设置），效果如图 5-31 所示。

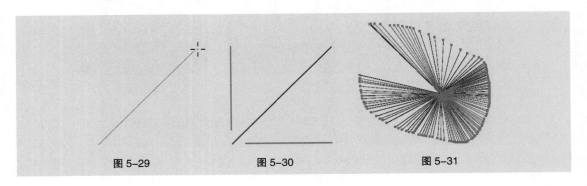

图 5-29　　　　　　　　　　　　图 5-30　　　　　　　　　　　　图 5-31

2．精确绘制直线

选择"直线段"工具 ✏，在页面中需要的位置单击鼠标，或双击"直线段"工具 ✏，都将弹出"直线段工具选项"对话框，如图5-32所示。在对话框中，"长度"项可以设置线段的长度，"角度"项可以设置线段的倾斜度，勾选"线段填色"复选项可以填充直线组成的图形。设置完成后，单击"确定"按钮，得到图5-33所示的直线。

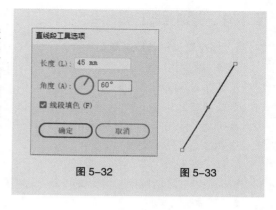

图5-32　　　　图5-33

5.1.3　弧形工具

1．拖曳鼠标指针绘制弧线

选择"弧形"工具 ⌒，在页面中需要的位置单击并按住鼠标左键不放，拖曳指针到需要的位置，释放鼠标左键，绘制出一段弧线，效果如图5-34所示。

选择"弧形"工具 ⌒，按住Shift键，在页面中需要的位置单击并按住鼠标左键不放，拖曳指针到需要的位置，释放鼠标左键，绘制出在水平和垂直方向上长度相等的弧线，效果如图5-35所示。

选择"弧形"工具 ⌒，按住 ~ 键，在页面中需要的位置单击并按住鼠标左键不放，拖曳指针到需要的位置，释放鼠标左键，绘制出多条弧线，效果如图5-36所示。

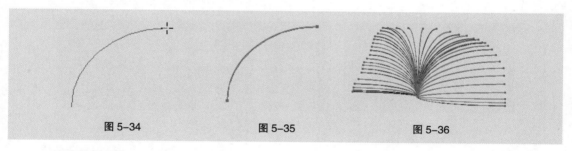

图5-34　　　　　　　图5-35　　　　　　　图5-36

2．精确绘制弧线

选择"弧形"工具 ⌒，在页面中需要的位置单击鼠标，或双击"弧形"工具 ⌒，都将弹出"弧线段工具选项"对话框，如图5-37所示。在对话框中，"X轴长度"项可以设置弧线水平方向的长度，"Y轴长度"项可以设置弧线垂直方向的长度，"类型"选项可以设置弧线类型，"基线轴"选项可以选择坐标轴，勾选"弧线填色"复选项可以填充弧线。设置完成后，单击"确定"按钮，得到图5-38所示的弧形。输入不同的数值，将会得到不同的弧形，效果如图5-39所示。

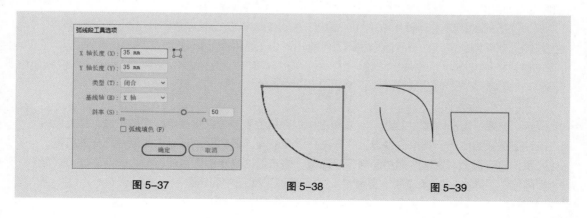

图5-37　　　　　　　图5-38　　　　　　　图5-39

5.1.4　螺旋线工具

1．拖曳鼠标指针绘制螺旋线

选择"螺旋线"工具，在页面中需要的位置单击并按住鼠标左键不放，拖曳指针到需要的位置，释放鼠标左键，绘制出螺旋线，如图 5-40 所示。

选择"螺旋线"工具，按住 Shift 键，在页面中需要的位置单击并按住鼠标左键不放，拖曳指针到需要的位置，释放鼠标左键，绘制出螺旋线。绘制的螺旋线转动的角度将是强制角度（默认设置是 45°）的整倍数。

选择"螺旋线"工具，按住 ~ 键，在页面中需要的位置单击并按住鼠标左键不放，拖曳指针到需要的位置，释放鼠标左键，绘制出多条螺旋线，效果如图 5-41 所示。

2．精确绘制螺旋线

选择"螺旋线"工具，在页面中需要的位置单击，弹出"螺旋线"对话框，如图 5-42 所示。在对话框中，"半径"项可以设置螺旋线的半径，螺旋线的半径指的是从螺旋线的中心点到螺旋线终点之间的距离；"衰减"项可以设置螺旋形内部线条之间的螺旋圈数；"段数"选项可以设置螺旋线的螺旋段数；"样式"单选项按钮用来设置螺旋线的旋转方向。设置完成后，单击"确定"按钮，得到图 5-43 所示的螺旋线。

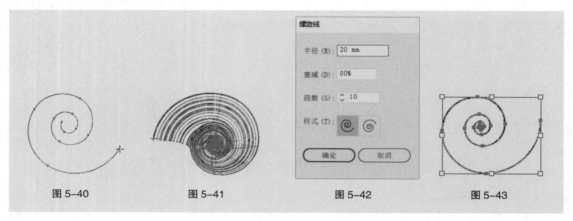

图 5-40　　　　　　图 5-41　　　　　　图 5-42　　　　　　图 5-43

5.1.5　矩形网格工具

1．拖曳鼠标指针绘制矩形网格

选择"矩形网格"工具，在页面中需要的位置单击并按住鼠标左键不放，拖曳鼠标指针到需要的位置，释放鼠标左键，绘制出一个矩形网格，效果如图 5-44 所示。

选择"矩形网格"工具，按住 Shift 键，在页面中需要的位置单击并按住鼠标左键不放，拖曳鼠标指针到需要的位置，释放鼠标左键，绘制出一个正方形网格，效果如图 5-45 所示。

选择"矩形网格"工具，按住 ~ 键，在页面中需要的位置单击并按住鼠标左键不放，拖曳鼠标指针到需要的位置，释放鼠标左键，绘制出多个矩形网格，效果如图 5-46 所示。

提示： 选择"矩形网格"工具，在页面中需要的位置单击并按住鼠标左键不放，拖曳鼠标指针到需要的位置，再按住键盘上"方向"键中的向上移动键，可以增加矩形网格的行数；如果按住键盘上"方向"键中的向下移动键，则可以减少矩形网格的行数。此方法在"极坐标网格"工具、"多边形"工具、"星形"工具中同样适用。

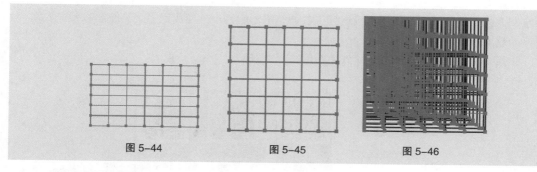

图 5-44   图 5-45   图 5-46

2. 精确绘制矩形网格

选择"矩形网格"工具 ▦ ，在页面中需要的位置单击，弹出"矩形网格工具选项"对话框，如图 5-47 所示。在对话框的"默认大小"选项组中，"宽度"项可以设置矩形网格的宽度，"高度"项可以设置矩形网格的高度。在"水平分隔线"选项组中，"数量"项可以设置矩形网格中水平网格线的数量；"下、上方倾斜"选项可以设置水平网格的倾向。在"垂直分隔线"选项组中，"数量"项可以设置矩形网格中垂直网格线的数量；"左、右方倾斜"选项可以设置垂直网格的倾向。设置完成后，单击"确定"按钮，得到图 5-48 所示的矩形网格。

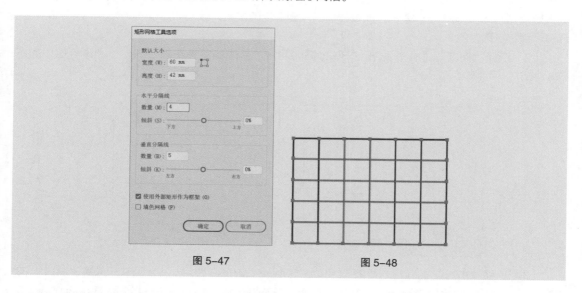

图 5-47   图 5-48

5.2　绘制基本图形

矩形、圆形、多边形和星形是最简单，最基本，也是最重要的图形。在 Illustrator CC 2019 中，矩形工具、圆角矩形工具、椭圆工具、多边形工具和星形工具的使用方法比较类似，通过使用这些工具，我们可以很方便地在绘图页面上拖曳鼠标指针绘制出各种形状，还能够通过设置相应的对话框精确绘制图形。

5.2.1　课堂案例——绘制人物图标

【案例学习目标】学习使用基本图形工具绘制人物图标。

【案例知识要点】使用矩形工具、"变换"控制面板、多边形工具、椭圆工具和钢笔工具绘制人物头发及五官；使用直接选择工具调整矩形的锚点；使用钢笔工具绘制衣领。人物图标的效果如图 5-49 所示。

【效果所在位置】云盘 /Ch05/ 效果 / 绘制人物图标 .ai。

图 5-49

1. 绘制头发及五官

（1）按 Ctrl+N 组合键，弹出"新建文档"对话框，设置文档的宽度为 800 px，高度为 600 px，取向为横向，颜色模式为 RGB，单击"创建"按钮，新建一个文档。

（2）选择"文件 > 置入"命令，弹出"置入"对话框，选择云盘中的"Ch05 > 素材 > 绘制人物图标 > 01"文件，单击"置入"按钮，在页面中单击置入图片。单击属性栏中的"嵌入"按钮，嵌入图片。选择"选择"工具 ▶，拖曳线稿图片到适当的位置，效果如图 5-50 所示。按 Ctrl+2 组合键，锁定所选对象。

（3）选择"椭圆"工具 ⬭，按住 Shift 键的同时，沿线稿图外轮廓绘制一个圆形，效果如图 5-51 所示。

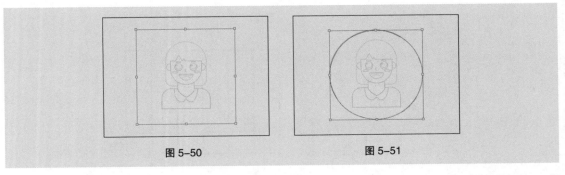

图 5-50　　　　　　　　　　　　　　图 5-51

（4）选择"矩形"工具 ▢，在适当的位置绘制一个矩形，如图 5-52 所示。选择"窗口 > 变换"命令，弹出"变换"控制面板，在"矩形属性"选项组中，将"圆角半径"选项设为 98 px 和 28 px，如图 5-53 所示。按 Enter 键确定操作，效果如图 5-54 所示。

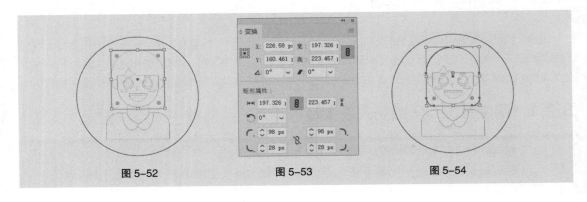

图 5-52　　　　　　　　　图 5-53　　　　　　　　　图 5-54

（5）使用"矩形"工具 ▢，再绘制一个矩形，如图 5-55 所示。在"变换"控制面板中，将"圆角半径"选项设为 0 px 和 75 px，如图 5-56 所示。按 Enter 键确定操作，效果如图 5-57 所示。

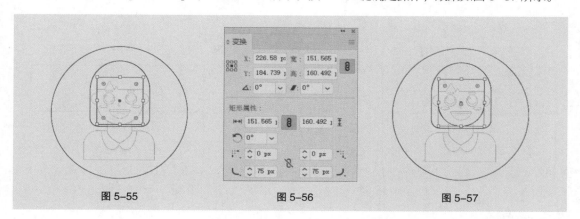

图 5-55　　　　　　　　　　图 5-56　　　　　　　　　　图 5-57

（6）选择"选择"工具 ▶，选取下方的圆角图形，按 Ctrl+C 组合键，复制图形，按 Shift+Ctrl+V 组合键，就地粘贴图形，如图 5-58 所示。选择"删除锚点"工具 ✏，分别在不需要的锚点上单击鼠标左键，删除锚点，效果如图 5-59 所示。

（7）选择"多边形"工具 ◯，在页面中单击鼠标左键，弹出"多边形"对话框，选项的设置如图 5-60 所示。单击"确定"按钮，出现一个三角形。选择"选择"工具 ▶，拖曳三角形到适当的位置，效果如图 5-61 所示。

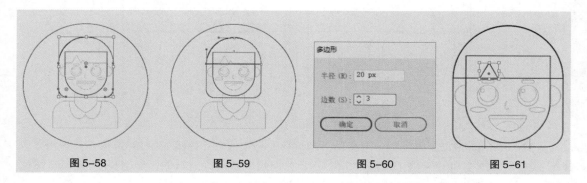

图 5-58　　　　　　图 5-59　　　　　　图 5-60　　　　　　图 5-61

（8）选择"选择"工具 ▶，按住 Alt+Shift 组合键的同时，水平向右拖曳三角形到适当的位置，复制三角形，效果如图 5-62 所示。按住 Shift 键的同时，拖曳右上角的控制手柄，等比例缩小图形，效果如图 5-63 所示。

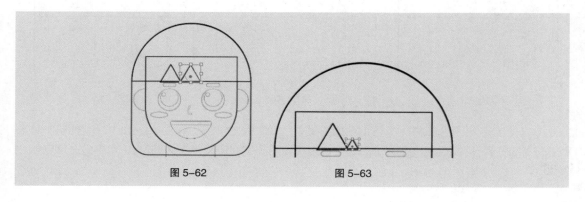

图 5-62　　　　　　　　　　图 5-63

（9）选择"矩形"工具 ▢，在适当的位置绘制一个矩形，如图5-64所示。在"变换"控制面板中，将"圆角半径"选项均设为3 px，如图5-65所示。按Enter键确定操作，效果如图5-66所示。

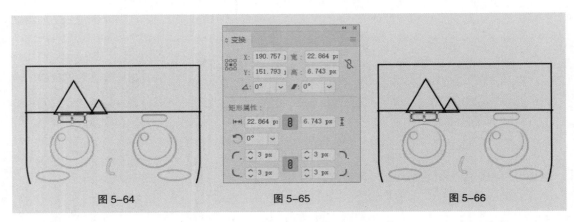

图 5-64　　　　　　　图 5-65　　　　　　　图 5-66

（10）选择"椭圆"工具 ⬭，按住Shift键的同时，在适当的位置绘制一个圆形，效果如图5-67所示。按Ctrl+C组合键，复制图形，按Ctrl+F组合键，将复制的图形粘贴在前面。选择"选择"工具 ▶，按住Shift键的同时，向上拖曳圆形下边中间的控制手柄到适当的位置，调整其大小，效果如图5-68所示。

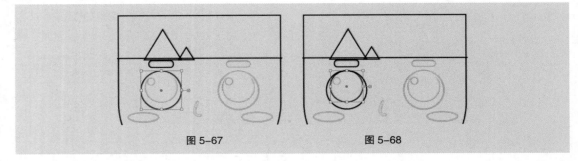

图 5-67　　　　　　　　　　图 5-68

（11）用相同的方法再复制一个圆形，调整其大小和位置，效果如图5-69所示。选择"选择"工具 ▶，按住Shift键的同时，依次单击，将所绘制图形同时选取，如图5-70所示。按住Alt+Shift组合键的同时，水平向右拖曳图形到适当的位置，复制图形，效果如图5-71所示。

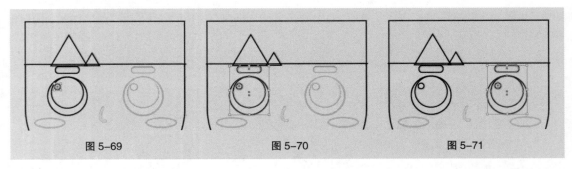

图 5-69　　　　　　　图 5-70　　　　　　　图 5-71

（12）选择"选择"工具 ▶，选取左侧的圆形，如图5-72所示。按住Alt+Shift组合键的同时，水平向左拖曳圆形到适当的位置，复制圆形，效果如图5-73所示。用相同的方法水平向右再复制一个圆形，效果如图5-74所示。

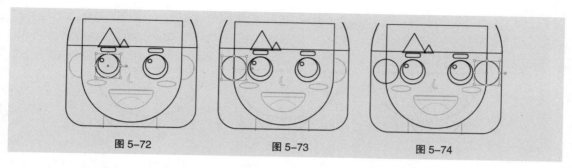

图 5-72   图 5-73   图 5-74

（13）选择"椭圆"工具 ，在适当的位置绘制一个椭圆形，效果如图 5-75 所示。按住 Alt+Shift 组合键的同时，水平向右拖曳图形到适当的位置，复制图形，效果如图 5-76 所示。

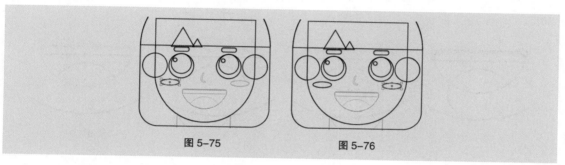

图 5-75   图 5-76

（14）选择"钢笔"工具 ，在适当的位置绘制一条曲线，如图 5-77 所示。选择"窗口 > 描边"命令，弹出"描边"控制面板，单击"端点"选项中的"圆头端点"按钮 ，其他选项的设置如图 5-78 所示。按 Enter 键确定操作，效果如图 5-79 所示。

图 5-77   图 5-78   图 5-79

（15）选择"椭圆"工具 ，在适当的位置绘制一个椭圆形，效果如图 5-80 所示。选择"直接选择"工具 ，单击选取椭圆形上方的锚点，如图 5-81 所示。按 Delete 键将其删除，效果如图 5-82 所示。

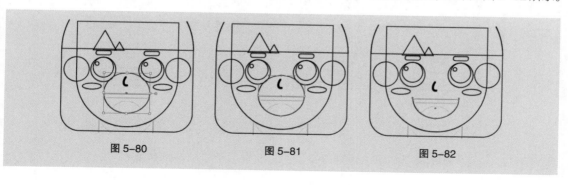

图 5-80   图 5-81   图 5-82

（16）保持路径选取状态，按 Ctrl+J 组合键，连接所选路径，如图 5-83 所示。选择"直接选择"工具，向内拖曳左下角的边角构件，如图 5-84 所示。松开鼠标后，效果如图 5-85 所示。

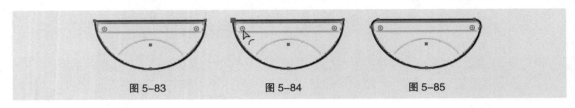

图 5-83　　　　　　　图 5-84　　　　　　　图 5-85

（17）选择"椭圆"工具和"矩形"工具，在适当的位置分别绘制椭圆形和矩形，如图 5-86 所示。选择"选择"工具，选取下方半圆形，按 Shift+Ctrl+] 组合键，将其置于顶层，按住 Shift 键的同时，依次单击将所绘制图形同时选取，如图 5-87 所示。按 Ctrl+7 组合键，建立剪切蒙版，效果如图 5-88 所示。填充图形描边为黑色，效果如图 5-89 所示。

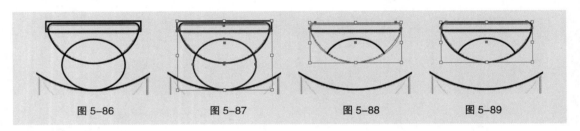

图 5-86　　　　　　　图 5-87　　　　　　　图 5-88　　　　　　　图 5-89

2. 绘制领项和衣服

（1）选择"矩形"工具，在适当的位置绘制一个矩形，如图 5-90 所示。在"变换"控制面板中，将"圆角半径"选项设为 0 px 和 40 px，如图 5-91 所示。按 Enter 键确定操作，效果如图 5-92 所示。

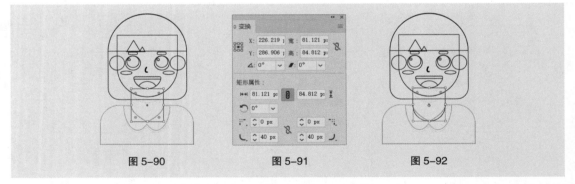

图 5-90　　　　　　　图 5-91　　　　　　　图 5-92

（2）选择"直接选择"工具，单击选择圆角矩形下方的左侧的锚点，如图 5-93 所示。在属性栏中单击"将所选锚点转换为尖角"按钮，将平滑锚点转换为尖角锚点，如图 5-94 所示。选取右侧的锚点，如图 5-95 所示，在属性栏中单击"删除所选锚点"按钮，删除不需要的锚点，如图 5-96 所示。

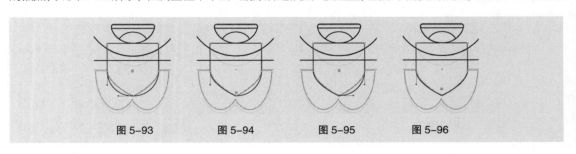

图 5-93　　　　　　　图 5-94　　　　　　　图 5-95　　　　　　　图 5-96

（3）选择"椭圆"工具 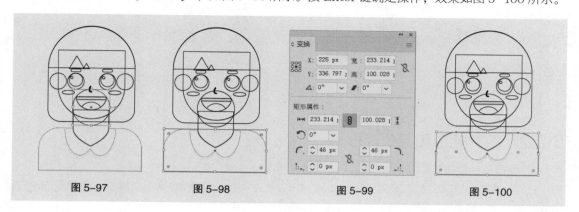，按住 Shift 键的同时，在适当的位置绘制一个圆形，效果如图 5-97 所示。选择"矩形"工具 ⬜，在适当的位置绘制一个矩形，如图 5-98 所示。在"变换"控制面板中，将"圆角半径"选项设为 46 px 和 0 px，如图 5-99 所示。按 Enter 键确定操作，效果如图 5-100 所示。

| 图 5-97 | 图 5-98 | 图 5-99 | 图 5-100 |

（4）选择"钢笔"工具 ✒，在适当的位置沿衣领轮廓勾勒出一个不规则图形，如图 5-101 所示。选择"选择"工具 ▶，选取图形，按 Ctrl+C 组合键，复制图形，按 Ctrl+B 组合键，将复制的图形粘贴在后面。按 ↓ 方向键，微调复制的图形到适当的位置，效果如图 5-102 所示。

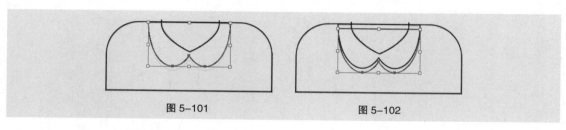

图 5-101　　　　图 5-102

（5）选择"选择"工具 ▶，选取大圆形，设置填充色为浅黄色（255、244、190），填充图形，并设置描边色为无，效果如图 5-103 所示。

（6）选择"选择"工具 ▶，选取圆角矩形，设置填充色为浅棕色（107、77、71），填充图形，并设置描边色为无，效果如图 5-104 所示。用相同的方法分别选取需要的图形，并填充相应的颜色，效果如图 5-105 所示。

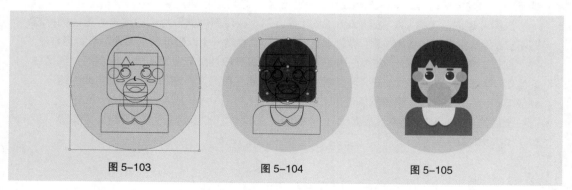

图 5-103　　　　图 5-104　　　　图 5-105

（7）选择"选择"工具 ▶，按住 Shift 键的同时，选取人物耳朵图形，如图 5-106 所示。连续按 Ctrl+ [组合键，将图形向后移至适当的位置。用相同分别调整其他图形顺序，效果如图 5-107 所示。人物图标绘制完成。

图 5-106　　　　　　　　　　　图 5-107

5.2.2　绘制矩形和圆角矩形

1．使用鼠标绘制矩形

选择"矩形"工具▢，在页面中需要的位置单击并按住鼠标左键不放，拖曳鼠标指针到需要的位置，释放鼠标左键，绘制出一个矩形，效果如图 5-108 所示。

选择"矩形"工具▢，按住 Shift 键，在页面中需要的位置单击并按住鼠标左键不放，拖曳指针到需要的位置，释放鼠标左键，绘制出一个正方形，效果如图 5-109 所示。

选择"矩形"工具▢，按住 ~ 键，在页面中需要的位置单击并按住鼠标左键不放，拖曳指针到需要的位置，释放鼠标左键，绘制出多个矩形，效果如图 5-110 所示。

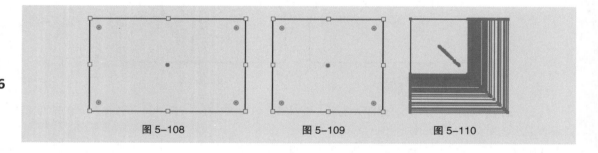

图 5-108　　　　　　　　　　图 5-109　　　　　　　　　　图 5-110

> 提示：选择"矩形"工具▢，按住 Alt 键，在页面中需要的位置单击并按住鼠标左键不放，拖曳指针到需要的位置，释放鼠标左键，可以绘制一个以鼠标单击点为中心的矩形。
>
> 选择"矩形"工具▢，按住 Alt+Shift 组合键，在页面中需要的位置单击并按住鼠标左键不放，拖曳指针到需要的位置，释放鼠标左键，可以绘制一个以鼠标单击点为中心的正方形。
>
> 选择"矩形"工具▢，在页面中需要的位置单击并按住鼠标左键不放，拖曳指针到需要的位置，再按住 Spacebar 键，可以暂停绘制工作而在页面上任意移动未绘制完成的矩形，释放 Spacebar 键后可继续绘制矩形。
>
> 上述方法在"圆角矩形"工具▢、"椭圆"工具◯、"多边形"工具◯、"星形"工具☆中同样适用。

2．精确绘制矩形

选择"矩形"工具▢，在页面中需要的位置单击，弹出"矩形"对话框，如图 5-111 所示。在对话框中，"宽度"项可以设置矩形的宽度，"高度"项可以设置矩形的高度。设置完成后，单击"确定"按钮，得到图 5-112 所示的矩形。

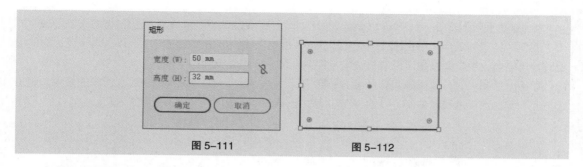

图 5-111　　　　　　　　　　　图 5-112

3. 使用鼠标绘制圆角矩形

选择"圆角矩形"工具 ▢，在页面中需要的位置单击并按住鼠标左键不放，拖曳指针到需要的位置，释放鼠标左键，绘制出一个圆角矩形，效果如图 5-113 所示。

选择"圆角矩形"工具 ▢，按住 Shift 键，在页面中需要的位置单击并按住鼠标左键不放，拖曳指针到需要的位置，释放鼠标左键，可以绘制一个宽度和高度相等的圆角矩形，效果如图 5-114 所示。

选择"圆角矩形"工具 ▢，按住 ~ 键，在页面中需要的位置单击并按住鼠标左键不放，拖曳指针到需要的位置，释放鼠标左键，绘制出多个圆角矩形，效果如图 5-115 所示。

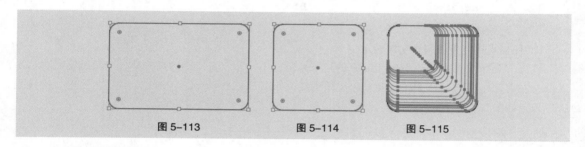

图 5-113　　　　　　　　图 5-114　　　　　　　图 5-115

4. 精确绘制圆角矩形

选择"圆角矩形"工具 ▢，在页面中需要的位置单击，弹出"圆角矩形"对话框，如图 5-116 所示。在对话框中，"宽度"项可以设置圆角矩形的宽度，"高度"项可以设置圆角矩形的高度，"圆角半径"项可以控制圆角矩形中圆角半径的长度。设置完成后，单击"确定"按钮，得到图 5-117 所示的圆角矩形。

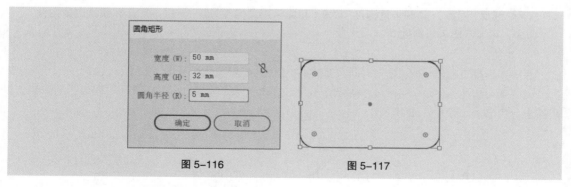

图 5-116　　　　　　　　　　　图 5-117

5. 使用"变换"控制面板制作实时转角

选择"选择"工具 ▶，选取绘制好的矩形。选择"窗口 > 变换"命令（组合键为 Shift+F8），弹出"变换"控制面板，如图 5-118 所示。

在"矩形属性"选项组中，"边角类型"按钮 可以设置边角的转角类型，包括"圆角""反向圆角"和"倒角"；"圆角半径"选项 可以设置圆角半径值；单击 按钮可以链接圆角半径，同时设置圆角半径值；单击 按钮可以取消圆角半径的链接，分别设置圆角半径值。

单击 按钮，其他选项的设置如图 5-119 所示。按 Enter 键，得到图 5-120 所示的效果。单击 按钮，其他选项的设置如图 5-121 所示。按 Enter 键，得到图 5-122 所示的效果。

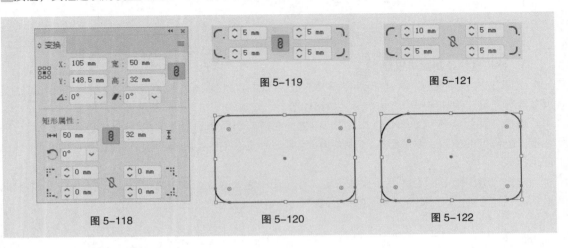

图 5-118　　　　图 5-119　　　　图 5-121

图 5-120　　　　图 5-122

6. 使用直接拖曳法制作实时转角

选择"选择"工具 ，选取绘制好的矩形。上、下、左、右 4 个边角构件处于可编辑状态，如图 5-123 所示，向内拖曳其中任意一个边角构件，如图 5-124 所示，可对矩形角进行变形。松开鼠标，效果如图 5-125 所示。

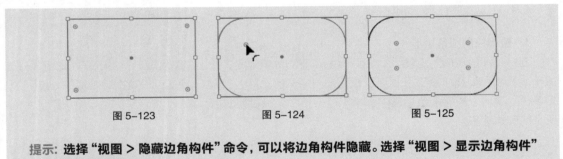

图 5-123　　　　图 5-124　　　　图 5-125

提示：选择"视图 > 隐藏边角构件"命令，可以将边角构件隐藏。选择"视图 > 显示边角构件"命令，可显示出边角构件。

当将鼠标指针移动到任意一个实心边角构件上时，指针变为 形状，如图 5-126 所示。单击鼠标左键将实心边角构件变为空心边角构件，指针变为 形状，如图 5-127 所示。拖曳使选取的边角单独进行变形，如图 5-128 所示。

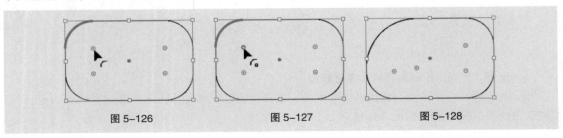

图 5-126　　　　图 5-127　　　　图 5-128

按住 Alt 键的同时，单击任意一个边角构件，或在拖曳边角构件的同时，按↑键或↓键，可在3种边角中交替转换，如图5-129所示。

按住 Ctrl 键的同时，双击其中一个边角构件，弹出"边角"对话框，如图5-130所示，可以设置边角样式、边角半径和圆角类型。

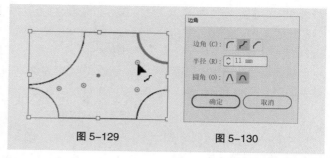

图 5-129

图 5-130

提示：将边角构件拖曳至最大值时，圆角预览将呈红色显示，为不可编辑状态。

5.2.3 绘制椭圆形和圆形

1. 使用鼠标绘制椭圆形

选择"椭圆"工具 ◯，在页面中需要的位置单击并按住鼠标左键不放，拖曳指针到需要的位置，释放鼠标左键，绘制出一个椭圆形，如图5-131所示。

选择"椭圆"工具 ◯，按住 Shift 键，在页面中需要的位置单击并按住鼠标左键不放，拖曳指针到需要的位置，释放鼠标左键，绘制出一个圆形，效果如图5-132所示。

选择"椭圆"工具 ◯，按住 ~ 键，在页面中需要的位置单击并按住鼠标左键不放，拖曳指针到需要的位置，释放鼠标左键，可以绘制多个椭圆形，效果如图5-133所示。

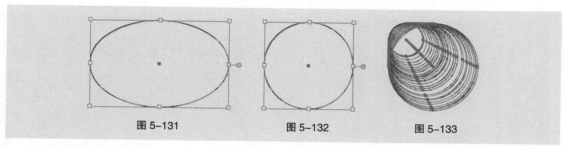

图 5-131   图 5-132   图 5-133

2. 精确绘制椭圆形

选择"椭圆"工具 ◯，在页面中需要的位置单击，弹出"椭圆"对话框，如图5-134所示。在对话框中，"宽度"项可以设置椭圆形的宽度，"高度"项可以设置椭圆形的高度。设置完成后，单击"确定"按钮，得到图5-135所示的椭圆形。

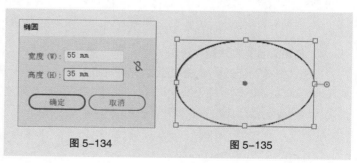

图 5-134   图 5-135

3. 使用"变换"控制面板制作饼图

选择"选择"工具 ▶，选取绘制好的椭圆形。选择"窗口 > 变换"命令（组合键为Shift+F8），弹出"变换"控制面板，如图5-136所示。在"椭圆属性"选项组中，"饼图起点角度"选项 ⌇0° ∨ 可以设置饼图的起点角度；"饼图终点角度"选项 0° ∨ ⌇ 可以设置饼图的终点角度；单

击 按钮可以链接饼图的起点角度和终点角度，进行同时设置；单击 按钮，可以取消饼图起点角度和终点角度的链接，进行分别设置；单击"反转饼图"按钮 ⇄，可以互换饼图起点角度和饼图终点角度。

将"饼图起点角度"选项 0° 设置为 45°，效果如图 5-137 所示；将此选项设置为 180°，效果如图 5-138 所示。

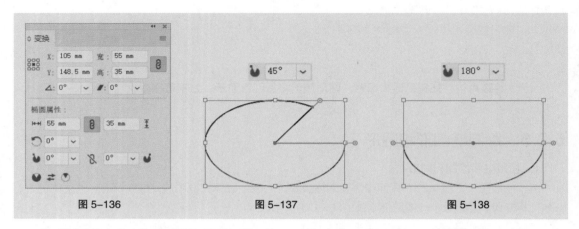

图 5-136　　　　　　　图 5-137　　　　　　　图 5-138

将"饼图终点角度"选项 0° 设置为 45°，效果如图 5-139 所示；将此选项设置为 180°，效果如图 5-140 所示。

将"饼图起点角度"选项 0° 设置为 60°，"饼图终点角度"选项 0° 设置为 30°，效果如图 5-141 所示。单击"反转饼图"按钮 ⇄，将饼图的起点角度和终点角度互换，效果如图 5-142 所示。

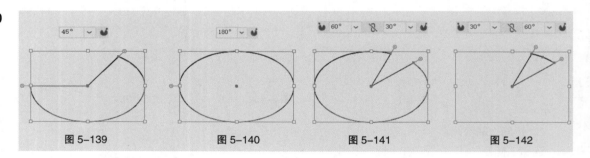

图 5-139　　　　　　图 5-140　　　　　　图 5-141　　　　　　图 5-142

4. 使用直接拖曳法制作饼图

选择"选择"工具 ▶，选取绘制好的椭圆形。将鼠标指针放置在饼图构件上，指针变为 图标，如图 5-143 所示。向上拖曳饼图构件，可以改变饼图起点角度，如图 5-144 所示；向下拖曳饼图构件，可以改变饼图终点角度，如图 5-145 所示。

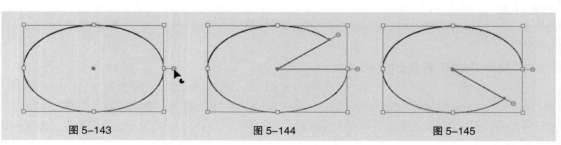

图 5-143　　　　　　　图 5-144　　　　　　　图 5-145

Illustrator CC 2019 核心应用案例教程（全彩慕课版）

5. 使用直接选择工具调整饼图转角

选择"直接选择"工具 ，选取绘制好的饼图，边角构件处于可编辑状态，如图 5-146 所示。向内拖曳其中任意一个边角构件，如图 5-147 所示，对饼图角进行变形。松开鼠标，效果如图 5-148 所示。

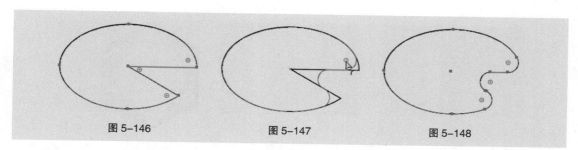

图 5-146　　　　　　　　图 5-147　　　　　　　　图 5-148

当将鼠标指针移动到任意一个实心边角构件上时，指针变为 图标，如图 5-149 所示。单击鼠标左键将实心边角构件变为空心边角构件，指针变为 图标，如图 5-150 所示。拖曳使选取的饼图角单独进行变形。松开鼠标后，效果如图 5-151 所示。

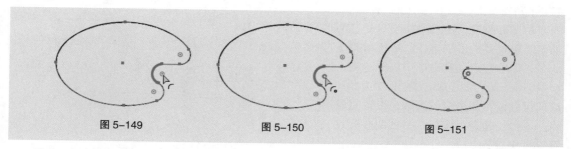

图 5-149　　　　　　　　图 5-150　　　　　　　　图 5-151

按住 Alt 键的同时，单击任意一个边角构件，或在拖曳边角构件的同时，按↑键或↓键，可在 3 种边角中交替转换，如图 5-152 所示。

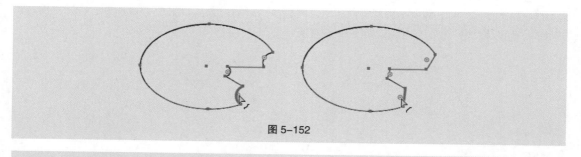

图 5-152

提示：双击任意一个边角构件，弹出"边角"对话框，可以设置边角样式、边角半径和圆角类型。

5.2.4　多边形工具

1. 使用鼠标绘制多边形

选择"多边形"工具 ，在页面中需要的位置单击并按住鼠标左键不放，拖曳指针到需要的位置，释放鼠标左键，绘制出一个多边形，如图 5-153 所示。

选择"多边形"工具 ，按住 Shift 键，在页面中需要的位置单击并按住鼠标左键不放，拖曳指针到需要的位置，释放鼠标左键，绘制出一个正多边形，效果如图 5-154 所示。

选择"多边形"工具 ，按住 ~ 键，在页面中需要的位置单击并按住鼠标左键不放，拖曳指针到需要的位置，释放鼠标左键，绘制出多个多边形，效果如图 5-155 所示。

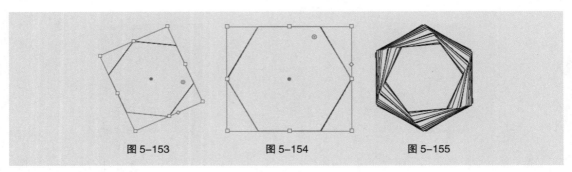

图 5-153　　　　　　　　　图 5-154　　　　　　　　　图 5-155

2. 精确绘制多边形

选择"多边形"工具 ，在页面中需要的位置单击，弹出"多边形"对话框，如图 5-156 所示。在对话框中，"半径"项可以设置多边形的半径，半径指的是从多边形中心点到多边形顶点的距离，而中心点一般为多边形的重心；"边数"选项可以设置多边形的边数。设置完成后，单击"确定"按钮，得到图 5-157 所示的多边形。

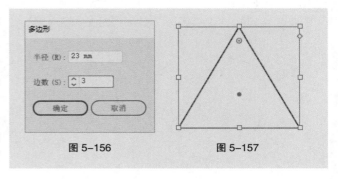

图 5-156　　　　　　　　　图 5-157

3. 使用直接拖曳法增加或减少多边形边数

选择"选择"工具 ，选取绘制好的多边形，将鼠标指针放置在多边形构件 上，指针变为 图标，如图 5-158 所示。向上拖曳多边形构件，可以减少多边形的边数，如图 5-159 所示；向下拖曳多边形构件，可以增加多边形的边数，如图 5-160 所示。

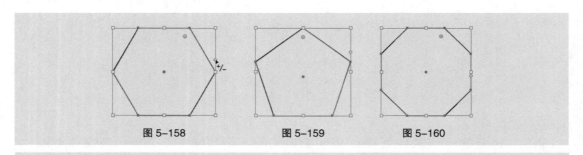

图 5-158　　　　　　　　　图 5-159　　　　　　　　　图 5-160

提示： 多边形的"边数"取值范围在 3 ～ 11 之间，最少边数为 3，最多边数为 11。

4. 使用"变换"控制面板制作实时转角

选择"选择"工具 ，选取绘制好的正六边形，选择"窗口 > 变换"命令（组合键为 Shift+F8），弹出"变换"控制面板，如图 5-161 所示。在"多边形属性"选项组中，"多边形边数计算"选项 可以设置多边形的边数；"边角类型"选项 可以选取任意角的转角类型；"圆角半径"选项 $\updownarrow$ 0 mm 可以设置多边形各个圆角的半径；"多边形半径"项 $\ominus$ 可以设置多边形的半径；"多边形边长度"项 $\bigcirc$ 可以多边形每一边的长度。

"多边形边数计算"选项的取值范围在 3~20 之间，当数值最小为 3 时，效果如图 5-162 所示；当数值最大为 20 时，效果如图 5-163 所示。

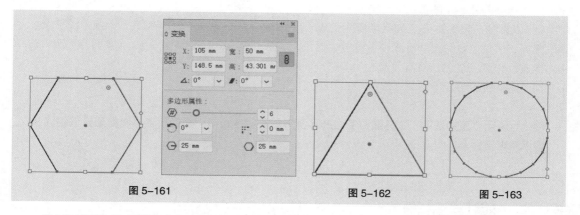

| 图 5-161 | 图 5-162 | 图 5-163 |

"边角类型"选项 $\boxminus$，包括"圆角""反向圆角"和"倒角"，效果如图 5-164 所示。

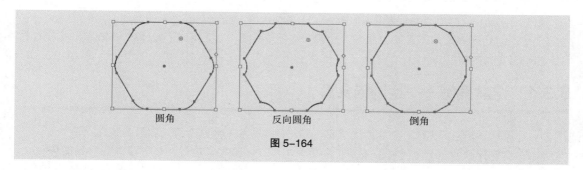

圆角　　　　　　　　反向圆角　　　　　　　　倒角

图 5-164

5.2.5 星形工具

1. 使用鼠标绘制星形

选择"星形"工具 $\bigstar$，在页面中需要的位置单击并按住鼠标左键不放，拖曳指针到需要的位置，释放鼠标左键，绘制出一个星形，效果如图 5-165 所示。

选择"星形"工具 $\bigstar$，按住 Shift 键，在页面中需要的位置单击并按住鼠标左键不放，拖曳指针到需要的位置，释放鼠标左键，绘制出一个正星形，效果如图 5-166 所示。

选择"星形"工具 $\bigstar$，按住 ~ 键，在页面中需要的位置单击并按住鼠标左键不放，拖曳指针到需要的位置，释放鼠标左键，绘制出多个星形，效果如图 5-167 所示。

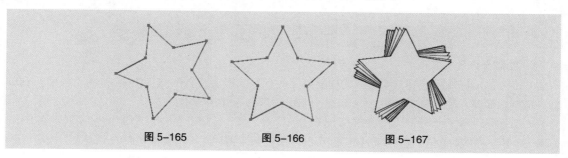

| 图 5-165 | 图 5-166 | 图 5-167 |

2. 精确绘制星形

选择"星形"工具 ⭐，在页面中需要的位置单击，弹出"星形"对话框，如图 5-168 所示。在对话框中，"半径 1"项可以设置从星形中心点到各外部角的顶点的距离；"半径 2"项可以设置从星形中心点到各内部角的端点的距离；"角点数"选项可以设置星形中的边角数量。设置完成后，单击"确定"按钮，得到图 5-169 所示的星形。

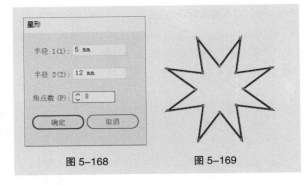

图 5-168 　　　　　　　　图 5-169

> **提示：**使用"**直接选择**"工具调整多边形和星形的实时转角与"**椭圆**"工具的使用方法相同，这里不再赘述。

5.3 编辑对象

在 Illustrator CC 2019 中编辑图形时，"路径查找器"控制面板是设计者最常用的工具之一。它包含了一组功能强大的路径编辑命令。使用"路径查找器"控制面板可以将许多简单的路径经过特定的运算变成各种复杂的路径。

5.3.1 课堂案例——绘制猫头鹰

【案例学习目标】学习使用绘图工具、"路径查找器"控制面板绘制猫头鹰。

【案例知识要点】使用椭圆工具、多边形工具、镜像工具和"路径查找器"控制面板制作头部，耳朵和身体部分；使用多边形工具、添加锚点工具和直接选择工具绘制鼻子；使用椭圆工具、旋转工具和"路径查找器"控制面板制作翅膀；使用矩形工具、直接选择工具绘制脚。猫头鹰的效果如图 5-170 所示。

扫码观看本案例视频 1　　扫码观看本案例视频 2　　扫码查看扩展案例

图 5-170

【效果所在位置】云盘 /Ch05/ 效果 / 绘制猫头鹰 .ai。

1. 绘制身体及头部

（1）按 Ctrl+N 组合键，弹出"新建文档"对话框，设置文档的宽度为 800 px，高度为 600 px，取向为横向，颜色模式为 RGB，单击"创建"按钮，新建一个文档。

（2）选择"文件 > 置入"命令，弹出"置入"对话框，选择云盘中的"Ch05 > 素材 > 绘制猫头鹰 > 01"文件，单击"置入"按钮，在页面中单击置入图片。单击属性栏中的"嵌入"按钮，嵌入图片。选择"选择"工具 ▶，拖曳线稿图片到适当的位置，效果如图 5-171 所示。按 Ctrl+2 组合键，锁定所选对象。

（3）选择"椭圆"工具 ◯，沿线稿图中的猫头鹰头部外轮廓绘制一个椭圆形，效果如图 5-172 所示。

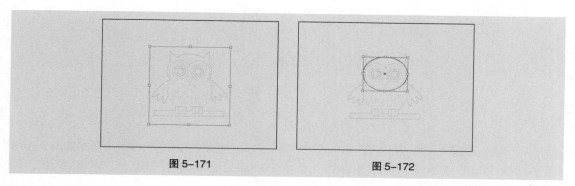

图 5-171　　　　　　　　　　　　　　　图 5-172

（4）选择"多边形"工具 ◯，在页面中单击鼠标左键，弹出"多边形"对话框，选项的设置如图 5-173 所示。单击"确定"按钮，出现一个三角形。选择"选择"工具 ▶，拖曳三角形到适当的位置，效果如图 5-174 所示。向左拖曳三角形右侧中间的控制手柄到适当的位置，调整其大小，效果如图 5-175 所示。

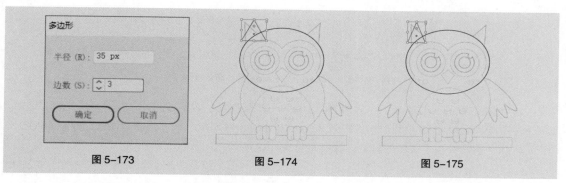

图 5-173　　　　　　　　　图 5-174　　　　　　　　　图 5-175

（5）拖曳右上角的控制手柄将其旋转到适当的角度，效果如图 5-176 所示。双击"镜像"工具 ◁▷，弹出"镜像"对话框，选项的设置如图 5-177 所示。单击"复制"按钮，镜像并复制图形，效果如图 5-178 所示。

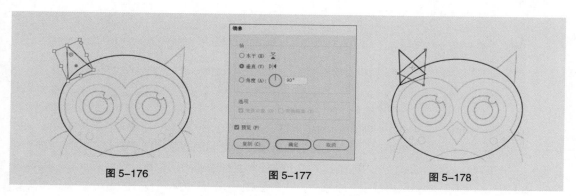

图 5-176　　　　　　　　　图 5-177　　　　　　　　　图 5-178

（6）选择"选择"工具 ▶，按住 Shift 键的同时，水平向右拖曳复制的图形到适当的位置，效果如图 5-179 所示。用框选的方法将所绘制的图形同时选取，如图 5-180 所示。选择"窗口 > 路径查找器"命令，弹出"路径查找器"控制面板。单击"联集"按钮 ，如图 5-181 所示，生成新的对象，效果如图 5-182 所示。

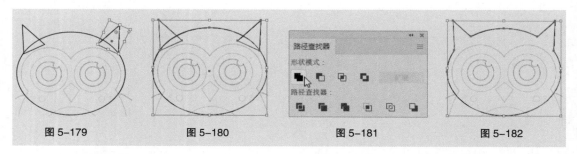

图 5-179   图 5-180   图 5-181   图 5-182

（7）选择"椭圆"工具 ，按住 Shift 键的同时，在适当的位置绘制一个圆形，效果如图 5-183 所示。选择"选择"工具 ，按住 Alt+Shift 组合键的同时，水平向右拖曳圆形到适当的位置，复制圆形，效果如图 5-184 所示。

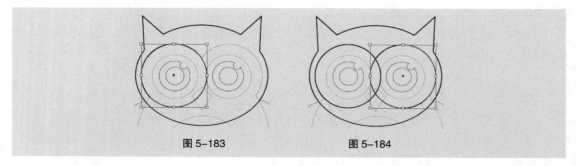

图 5-183   图 5-184

（8）选择"椭圆"工具 ，在适当的位置绘制一个椭圆形，效果如图 5-185 所示。选择"选择"工具 ，依次单击上方 2 个圆形将其同时选取，如图 5-186 所示。在"路径查找器"控制面板中，单击"联集"按钮 ，生成新的对象，效果如图 5-187 所示。

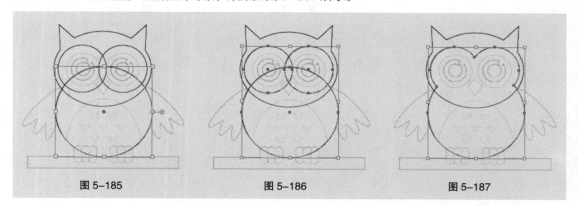

图 5-185   图 5-186   图 5-187

（9）选择"椭圆"工具 ，按住 Shift 键的同时，在适当的位置绘制一个圆形，效果如图 5-188 所示。按 Ctrl+C 组合键，复制图形，按 Ctrl+F 组合键，将复制的圆形粘贴在前面。选择"选择"工具 ，按住 Shift 键的同时，向内拖曳圆形右上角控制手柄到适当的位置，调整其大小，效果如图 5-189 所示。用相同的方法再复制 2 个圆形，并调整其大小，效果如图 5-190 所示。（这里先复制小圆形，再复制大圆形。）

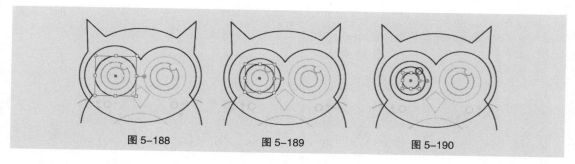

图 5-188　　　　　　　　　　　图 5-189　　　　　　　　　　　图 5-190

（10）选择"选择"工具 ▶，依次单击下方2个圆形将其同时选取，如图5-191所示。在"路径查找器"控制面板中，单击"减去顶层"按钮 ▣，如图5-192所示，生成新的对象，效果如图5-193所示。

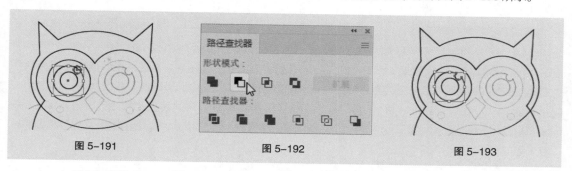

图 5-191　　　　　　　　　　　图 5-192　　　　　　　　　　　图 5-193

（11）选择"选择"工具 ▶，用框选的方法将所绘制的图形同时选取，按住 Alt+Shift 组合键的同时，水平向右拖曳图形到适当的位置，复制图形，效果如图 5-194 所示。选择"多边形"工具 ◎，在适当的位置拖曳鼠标绘制一个三角形，效果如图 5-195 所示。

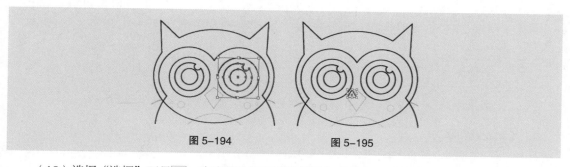

图 5-194　　　　　　　　　　　图 5-195

（12）选择"选择"工具 ▶，向右拖曳三角形右侧中间的控制手柄到适当的位置，调整其大小，效果如图5-196所示。选择"添加锚点"工具 ✎，在三角形下边中间位置单击鼠标左键，添加一个锚点，如图5-197所示。选择"直接选择"工具 ▷，向下拖曳添加的锚点到适当的位置，如图5-198所示。

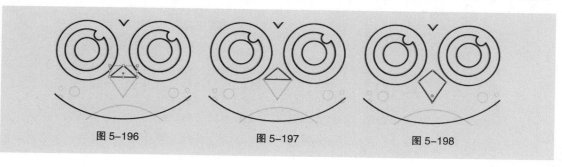

图 5-196　　　　　　　　　　　图 5-197　　　　　　　　　　　图 5-198

（13）选择"椭圆"工具 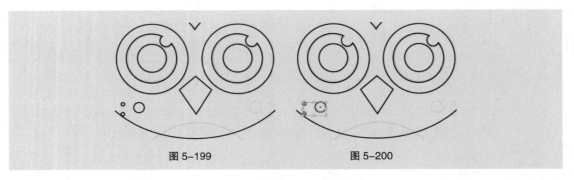，按住 Shift 键的同时，在适当的位置分别绘制 3 个圆形，效果如图 5-199 所示。选择"选择"工具，用框选的方法将所绘制的圆形同时选取，如图 5-200 所示。

图 5-199　　　　　　　　图 5-200

（14）双击"镜像"工具，弹出"镜像"对话框，选项的设置如图 5-201 所示。单击"复制"按钮，镜像并复制图形，效果如图 5-202 所示。选择"选择"工具，按住 Shift 键的同时，水平向右拖曳复制的图形到适当的位置，效果如图 5-203 所示。

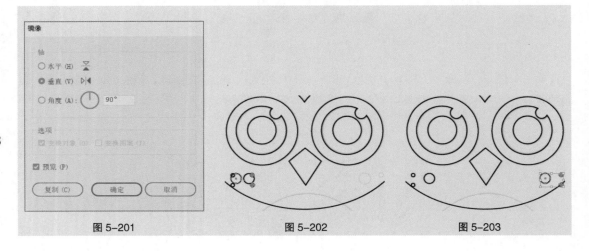

图 5-201　　　　　　图 5-202　　　　　　图 5-203

2. 绘制翅膀和腿

（1）选择"椭圆"工具，在页面外单击鼠标左键，弹出"椭圆"对话框，数值项的设置如图 5-204 所示。单击"确定"按钮，出现一个椭圆形，效果如图 5-205 所示。

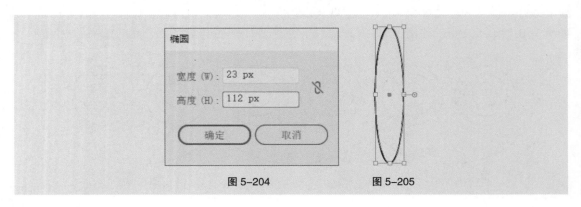

图 5-204　　　　　　　　图 5-205

（2）选择"旋转"工具 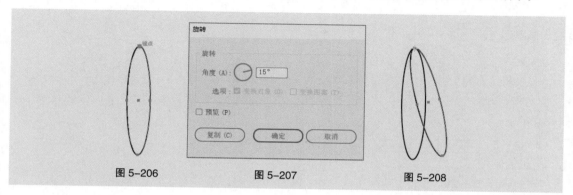，按住 Alt 键的同时，在椭圆顶部单击，如图 5-206 所示，同时弹出"旋转"对话框，数值项的设置如图 5-207 所示。单击"复制"按钮，效果如图 5-208 所示。

图 5-206　　　　　　　　图 5-207　　　　　　　　图 5-208

（3）连续按 Ctrl+D 组合键，复制出多个椭圆形，效果如图 5-209 所示。选择"选择"工具 ，按住 Shift 键的同时，依次单击不需要的椭圆形将其同时选取，如图 5-210 所示，按 Delete 键将其删除，效果如图 5-211 所示。

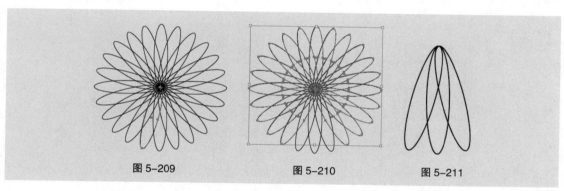

图 5-209　　　　　　　　图 5-210　　　　　　　　图 5-211

（4）选择"选择"工具 ，用框选的方法将余下的图形同时选取，如图 5-212 所示。在"路径查找器"控制面板中，单击"联集"按钮 ，生成新的对象，效果如图 5-213 所示。拖曳图形到页面中适当的位置，调整其大小和角度，效果如图 5-214 所示。

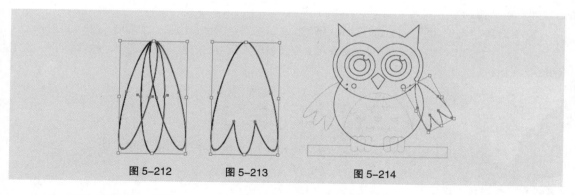

图 5-212　　　　　图 5-213　　　　　　　图 5-214

（5）双击"镜像"工具 ，弹出"镜像"对话框，选项的设置如图 5-215 所示。单击"复制"按钮，镜像并复制图形，效果如图 5-216 所示。选择"选择"工具 ，按住 Shift 键的同时，水平向右拖曳复制的图形到适当的位置，效果如图 5-217 所示。

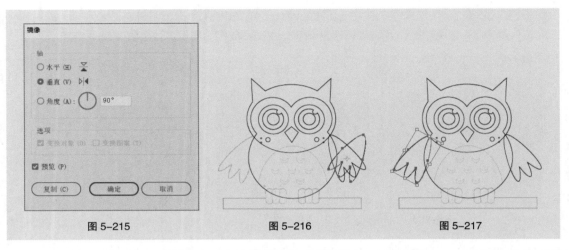

图 5-215   图 5-216   图 5-217

（6）选择"椭圆"工具 ◯，在适当的位置绘制一个椭圆形，效果如图 5-218 所示。选择"选择"工具 ▶，选取下方需要的图形，按 Ctrl+C 组合键，复制图形，按 Ctrl+F 组合键，将复制的图形粘贴在前面，如图 5-219 所示。按住 Shift 键的同时，单击下方的椭圆形将其同时选取，如图 5-220 所示。

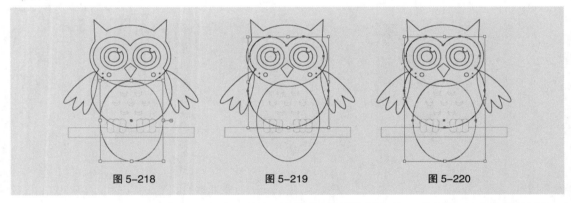

图 5-218   图 5-219   图 5-220

（7）在"路径查找器"控制面板中，单击"交集"按钮 ▣，如图 5-221 所示，生成新的对象，效果如图 5-222 所示。

（8）选择"椭圆"工具 ◯，按住 Shift 键的同时，在适当的位置绘制一个圆形，效果如图 5-223 所示。按住 Alt+Shift 组合键的同时，垂直向上拖曳圆形到适当的位置，复制圆形，效果如图 5-224 所示。

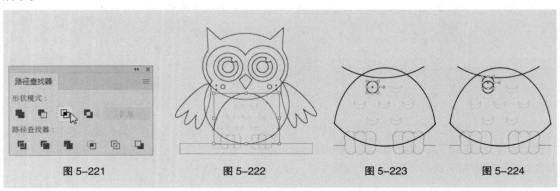

图 5-221   图 5-222   图 5-223   图 5-224

（9）选择"选择"工具 ▶，按住 Shift 键的同时，单击下方圆形将其同时选取，如图 5-225 所示。在"路径查找器"控制面板中，单击"减去顶层"按钮 ▣，生成新的对象，效果如图 5-226 所示。

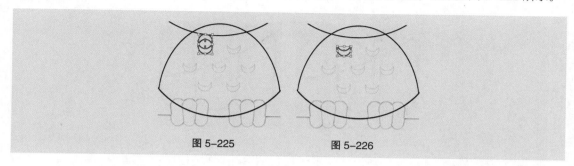

图 5-225　　　　　图 5-226

（10）选择"选择"工具 ▶，按住 Alt+Shift 组合键的同时，水平向右拖曳图形到适当的位置，复制图形，效果如图 5-227 所示。用相同的方法分别复制其他图形，效果如图 5-228 所示。选择"矩形"工具 ▣，在适当的位置绘制一个矩形，如图 5-229 所示。

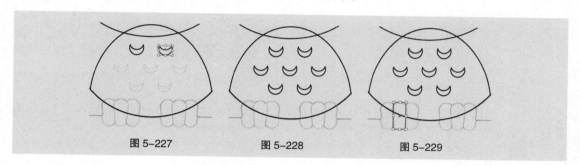

图 5-227　　　　　图 5-228　　　　　图 5-229

（11）选择"直接选择"工具 ▷，选取左上角的锚点，并向左拖曳锚点到适当的位置，效果如图 5-230 所示。用相同的方法调整右上角的锚点，效果如图 5-231 所示。

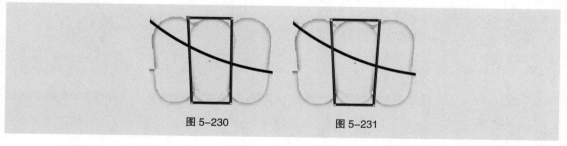

图 5-230　　　　　图 5-231

（12）选择"直接选择"工具 ▷，按住 Shift 键的同时，依次单击其他锚点将其同时选取，如图 5-232 所示。向内拖曳左上角的边角构件至最大角，如图 5-233 所示。松开鼠标后，效果如图 5-234 所示。

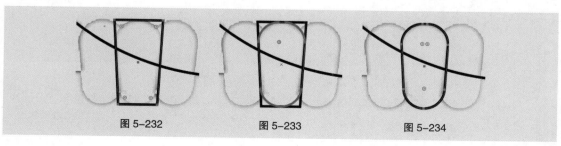

图 5-232　　　　　图 5-233　　　　　图 5-234

（13）选择"选择"工具 ▶，选取图形，按住 Alt+Shift 组合键的同时，水平向左拖曳图形到适当的位置，复制图形，效果如图 5-235 所示。用相同的方法向右再复制一个图形，效果如图 5-236 所示。

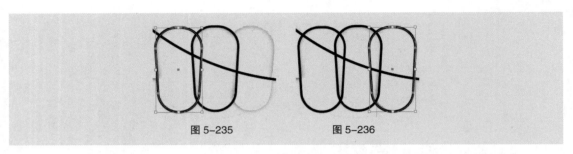

图 5-235　　　　　　　图 5-236

（14）选择"选择"工具 ▶，按住 Shift 键的同时，依次单击需要的图形将其同时选取，如图 5-237 所示。按住 Alt+Shift 组合键的同时，水平向右拖曳图形到适当的位置，复制图形，效果如图 5-238 所示。

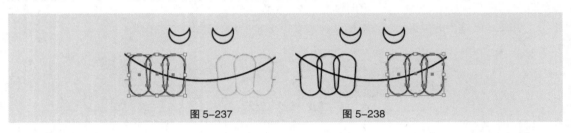

图 5-237　　　　　　　图 5-238

（15）选择"矩形"工具 □，在适当的位置绘制一个矩形，如图 5-239 所示。设置填充色为浅棕色（142、114、85），填充图形，并设置描边色为无，效果如图 5-240 所示。

（16）连续按 Ctrl+[组合键，将图形向后移至适当的位置，效果如图 5-241 所示。用相同分别填充其他图形相应的颜色，并调整其顺序，效果如图 5-242 所示。

图 5-239　　　　　图 5-240　　　　　图 5-241　　　　　图 5-242

（17）按 Alt+Ctrl+2 组合键，全部解锁对象，此时，线稿图处于被选中状态，如图 5-243 所示。按 Delete 键将其删除，效果如图 5-244 所示。猫头鹰绘制完成。

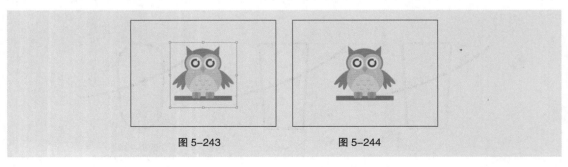

图 5-243　　　　　　　图 5-244

5.3.2 "路径查找器"控制面板

选择"窗口 > 路径查找器"命令（组合键为 Shift+ Ctrl+F9），弹出"路径查找器"控制面板，如图 5-245 所示。

1. 认识"路径查找器"控制面板的按钮

图 5-245

在"路径查找器"控制面板的"形状模式"选项组中有 5 个按钮，从左至右分别是"联集"按钮 、"减去顶层"按钮 、"交集"按钮 、"差集"按钮 和"扩展"按钮。前 4 个按钮可以通过不同的组合方式在多个图形间制作出对应的复合图形，而"扩展"按钮则可以把复合图形转变为复合路径。

在"路径查找器"选项组中有 6 个按钮，从左至右分别是"分割"按钮 、"修边"按钮 、"合并"按钮 、"裁剪"按钮 、"轮廓"按钮 和"减去后方对象"按钮 。这组按钮主要是把对象分解成各个独立的部分，或者删除对象中不需要的部分。

2. 使用"路径查找器"控制面板

（1）"联集"按钮 。

在绘图页面中选择 2 个绘制的图形对象，如图 5-246 所示。选中这 2 个对象，单击"联集"按钮 ，从而生成新的对象。新对象的填充和描边属性与位于顶部的对象的填充和描边属性相同，效果如图 5-247 所示。

（2）"减去顶层"按钮 。

在绘图页面中选择 2 个绘制的图形对象，如图 5-248 所示。选中这 2 个对象，单击"减去顶层"按钮 ，从而生成新的对象。减去顶层命令可以在最下层对象的基础上，将被上层对象挡住的部分和上层的所有对象同时删除，只剩下最下层对象的剩余部分，效果如图 5-249 所示。

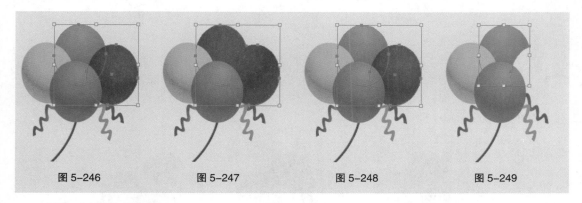

图 5-246　　　　　　图 5-247　　　　　　图 5-248　　　　　　图 5-249

（3）"交集"按钮 。

在绘图页面中选择 2 个绘制的图形对象，如图 5-250 所示。选中这 2 个对象，单击"交集"按钮 ，从而生成新的对象。交集命令可以将图形没有重叠的部分删除，而仅仅保留重叠部分。所生成的新对象的填充和描边属性与位于顶部的对象的填充和描边属性相同，效果如图 5-251 所示。

（4）"差集"按钮 。

在绘图页面中选择 2 个绘制的图形对象，如图 5-252 所示。选中这 2 个对象，单击"差集"按钮 ，从而生成新的对象。差集命令可以删除对象间重叠的部分，所生成的新对象的填充和描边属性与位于顶部的对象的填充和描边属性相同，效果如图 5-253 所示。

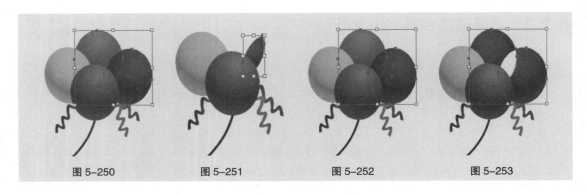

图 5-250　　　　　　图 5-251　　　　　　图 5-252　　　　　　图 5-253

（5）"分割"按钮 ■。

在绘图页面中选择 2 个绘制的图形对象，如图 5-254 所示。选中这 2 个对象，单击"分割"按钮 ■，从而生成新的对象，效果如图 5-255 所示。分割命令可以分离相互重叠的图形，从而得到多个独立的对象。所生成的新对象的填充和描边属性与位于顶部的对象的填充和描边属性相同。取消选取状态后的效果如图 5-256 所示。

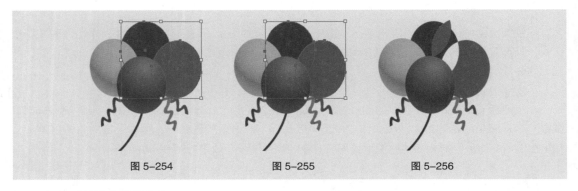

图 5-254　　　　　　　　图 5-255　　　　　　　　图 5-256

（6）"修边"按钮 ■。

在绘图页面中选择 2 个绘制的图形对象，如图 5-257 所示。选中这 2 个对象，单击"修边"按钮 ■，从而生成新的对象，效果如图 5-258 所示。修边命令对于每个单独的对象而言，均被裁减分成包含有重叠区域的部分和重叠区域之外的部分，新生成的对象保持原来的填充属性。取消选取状态后的效果如图 5-259 所示。

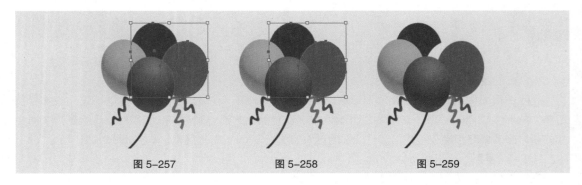

图 5-257　　　　　　　　图 5-258　　　　　　　　图 5-259

（7）"合并"按钮 ■。

在绘图页面中选择 2 个绘制的图形对象，如图 5-260 所示。选中这 2 个对象，单击"合并"按

钮 ◼，从而生成新的对象，效果如图 5-261 所示。如果对象的填充和描边属性都相同，合并命令将把所有的对象组成一个整体后合为一个对象，但对象的描边色将变为没有；如果对象的填充和笔画属性都不相同，则合并命令就相当于"裁剪"按钮 ◼ 的功能。取消选取状态后的效果如图 5-262 所示。

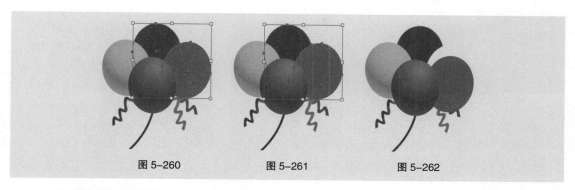

图 5-260　　　　　　　图 5-261　　　　　　　图 5-262

（8）"裁剪"按钮 ◼。

在绘图页面中选择 2 个绘制的图形对象，如图 5-263 所示。选中这 2 个对象，单击"裁剪"按钮 ◼，从而生成新的对象，效果如图 5-264 所示。裁剪命令的工作原理和蒙版相似，对重叠的图形来说，修剪命令可以把所有放在最前面对象之外的图形部分修剪掉，同时最前面的对象本身将消失。取消选取状态后的效果如图 5-265 所示。

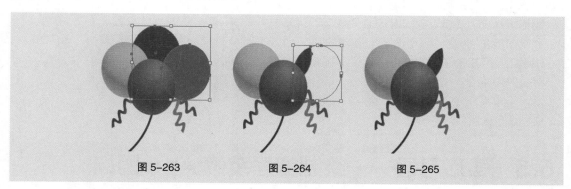

图 5-263　　　　　　　图 5-264　　　　　　　图 5-265

（9）"轮廓"按钮 ◻。

在绘图页面中绘制 2 个图形对象，如图 5-266 所示。选中这 2 个对象，单击"轮廓"按钮 ◻，从而生成新的对象，效果如图 5-267 所示。轮廓命令勾勒出所有对象的轮廓。取消选取状态后的效果如图 5-268 所示。

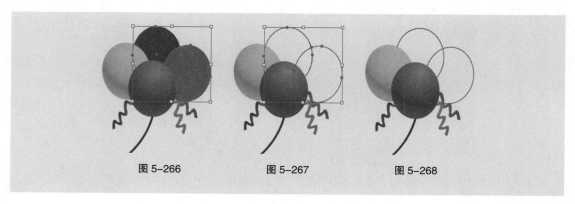

图 5-266　　　　　　　图 5-267　　　　　　　图 5-268

（10）"减去后方对象"按钮 ▣ 。

在绘图页面中绘制 2 个图形对象，如图 5-269 所示。选中这 2 个对象，单击"减去后方对象"按钮 ▣ ，从而生成新的对象，效果如图 5-270 所示。减去后方对象命令可以使位于最底层的对象裁减掉位于该对象之上的所有对象。取消选取状态后的效果如图 5-271 所示。

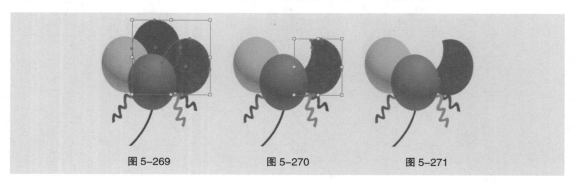

图 5-269   图 5-270   图 5-271

5.4　课堂练习——绘制钱包插图

【练习知识要点】使用圆角矩形工具、矩形工具、"变换"控制面板、"描边"控制面板和椭圆工具绘制钱包；使用圆角矩形工具、矩形工具和多边形工具绘制卡片。效果如图 5-272 所示。

【效果所在位置】云盘 /Ch05/ 效果 /绘制钱包插图 .ai。

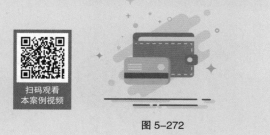

图 5-272

5.5　课后习题——绘制家居装修 App 图标

【习题知识要点】使用椭圆工具、"缩放"命令、"路径查找器"命令和"偏移路径"命令绘制外轮廓；使用圆角矩形工具、钢笔工具、旋转工具和镜像工具绘制座椅图标；使用直线段工具、整形工具绘制弧线。效果如图 5-273 所示。

【效果所在位置】云盘 /Ch05/ 效果 / 绘制家居装修 App 图标 .ai。

图 5-273

第6章

高级绘图

▶ 本章介绍

　　本章将讲解 Illustrator CC 2019 中的手绘图形工具及其修饰方法，以及如何运用各种方法对路径进行绘制与编辑，并详细讲解符号的添加和对象的对齐与分布方法。认真学习本章的内容，读者可以掌握 Illustrator CC 2019 的手绘功能和强大的路径工具，以及控制对象等内容，使工作更加得心应手。

知识目标

- 掌握手绘工具的使用方法。
- 掌握路径的绘制与编辑技巧。
- 掌握符号的添加与编辑技巧。
- 掌握编组与对齐对象的方法。

技能目标

- 掌握"夏日海滩插画"的绘制方法。
- 掌握"可口冰淇淋"的绘制方法。
- 掌握"许愿灯插画"的绘制方法。
- 掌握"寿司店海报"的制作方法。

高级绘图

6.1 手绘图形

Illustrator CC 2019 提供了铅笔工具和画笔工具，我们可以使用这些工具绘制种类繁多的图形和路径。此外，Illustrator CC 2019 还提供了平滑工具和路径橡皮擦工具，用来修饰绘制的图形和路径。

6.1.1 课堂案例——绘制夏日海滩插画

【案例学习目标】学习使用铅笔工具、"画笔库"命令绘制夏日海滩插画。

【案例知识要点】使用文字工具输入文字；使用铅笔工具、直线段工具勾画文字路径；使用"其他库"命令导入画笔笔刷。夏日海滩插画效果如图 6-1 所示。

【效果所在位置】云盘 /Ch06/ 效果 / 绘制夏日海滩插画 .ai。

扫码观看
本案例视频

扫码查看
扩展案例

（1）按 Ctrl+O 组合键，打开云盘中的"Ch06 > 素材 > 绘制夏日海滩插画 > 01"文件，如图 6-2 所示。

（2）选择"文字"工具 T，在适当的位置分别输入需要的文字。选择"选择"工具 ▶，在属性栏中选择合适的字体并设置文字大小，填充文字为白色，效果如图 6-3 所示。

（3）选择"铅笔"工具 ✎，沿着字母"h"勾画一条路径，如图 6-4 所示。选择"直线段"工具 ╱，按住 Shift 键的同时，在适当的位置绘制一条竖线，效果如图 6-5 所示。

（4）选择"选择"工具 ▶，按住 Shift 键的同时，单击右侧路径将其同时选取，设置描边色为紫色（146、7、131），填充描边，效果如图 6-6 所示。

图 6-1

图 6-2

图 6-3

图 6-4

图 6-5

图 6-6

（5）用相同的方法沿其他文字勾勒路径，并填充相应的颜色，效果如图 6-7 所示。选择"选择"工具 ▶，按住 Shift 键的同时，选取下方的白色文字，如图 6-8 所示。

（6）按 Delete 键将其删除，效果如图 6-9 所示。用框选的方法将"hello"文字路径同时选取，向上拖曳选中的文字路径到适当的位置，效果如图 6-10 所示。

图 6-7

图 6-8

图 6-9

图 6-10

（7）选择"窗口 > 画笔库 > 其他库"命令，弹出"选择要打开的库："对话框。选择云盘的

"Ch06 > 素材 > 绘制夏日海滩插画 > 霓虹灯画笔笔刷 .ai" 文件，如图 6-11 所示，单击 "打开" 按钮，打开笔刷。"霓虹灯画笔笔刷" 控制面板如图 6-12 所示。

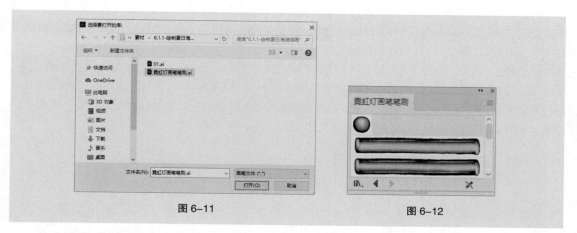

图 6-11　　　　　　　　　　　　　　　　　　图 6-12

（8）选择 "选择" 工具▶，用框选的方法将所有文字路径同时选取，如图 6-13 所示。在 "霓虹灯画笔笔刷" 控制面板中，选择设置的新画笔，用画笔为文字路径描边，效果如图 6-14 所示。夏日海滩插画绘制完成，效果如图 6-15 所示。

图 6-13　　　　　　　图 6-14　　　　　　　图 6-15

6.1.2　铅笔工具

使用 "铅笔" 工具✏可以随意绘制出自由的曲线路径，在绘制过程中 Illustrator CC 2019 会自动依据鼠标指针的轨迹来设定节点并生成路径。使用铅笔工具既可以绘制闭合路径，又可以绘制开放路径，还可以将已经存在的曲线的节点作为起点，延伸绘制出新的曲线，从而达到修改曲线的目的。

选择 "铅笔" 工具✏，在页面中需要的位置单击并按住鼠标左键不放，拖曳鼠标到需要的位置，可以绘制一条路径，如图 6-16 所示。释放鼠标左键，绘制出的效果如图 6-17 所示。

选择 "铅笔" 工具✏，在页面中需要的位置单击并按住鼠标左键不放，拖曳鼠标到需要的位置，按住 Alt 键，效果如图 6-18 所示，释放鼠标左键，可以绘制一条闭合的曲线，如图 6-19 所示。

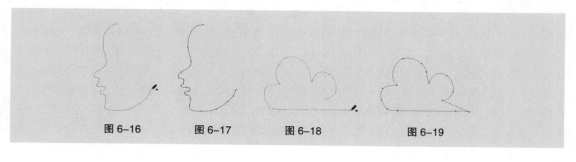

图 6-16　　　　图 6-17　　　　图 6-18　　　　图 6-19

绘制一个闭合的图形并选中这个图形，再选择"铅笔"工具 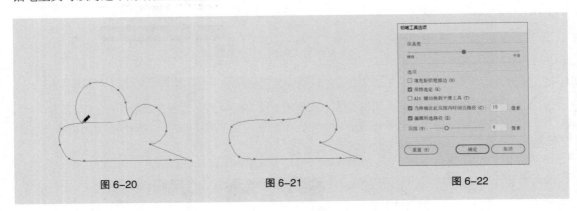，在闭合图形上的两个节点之间拖曳，如图 6-20 所示，可以修改图形的形状。释放鼠标左键，得到的图形效果如图 6-21 所示。

双击"铅笔"工具 ，弹出"铅笔工具选项"对话框，如图 6-22 所示。在对话框的"保真度"选项组中，"精确"选项可以调节绘制曲线上的点的精确度，"平滑"选项可以调节绘制曲线的平滑度。在"选项"选项组中，勾选"填充新铅笔描边"复选项，如果当前设置了填充颜色，绘制出的路径将使用该颜色；勾选"保持选定"复选项，绘制的曲线处于被选取状态；勾选"Alt 键切换到平滑工具"复选项，可以在按住 Alt 键的同时，将铅笔工具切换为平滑工具；勾选"当终端在此范围内时闭合路径"复选项，可以在设置的预定义像素数内自动闭合绘制的路径。勾选"编辑所选路径"复选项，铅笔工具可以对选中的路径进行编辑。

图 6-20　　　　　　　　　　　图 6-21　　　　　　　　　　　图 6-22

6.1.3　画笔工具

使用"画笔"工具 可以绘制出样式繁多的精美线条和图形，还可以调节不同的刷头以达到不同的绘制效果。利用不同的画笔样式可以绘制出风格迥异的图像。

选择"画笔"工具 ，选择"窗口 > 画笔"命令，弹出"画笔"控制面板，如图 6-23 所示。在控制面板中选择任意一种画笔样式，在页面中需要的位置单击并按住鼠标左键不放，向右拖曳鼠标进行线条的绘制，释放鼠标左键，线条绘制完成，如图 6-24 所示。

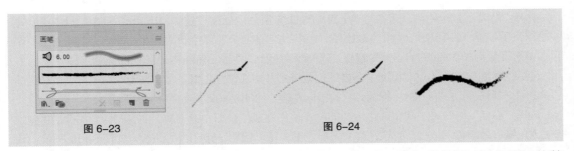

图 6-23　　　　　　　　　　　　　　　图 6-24

选取绘制的线条，如图 6-25 所示，选择"窗口 > 描边"命令，弹出"描边"控制面板，在控制面板中的"粗细"选项中选择或设置需要的描边大小，如图 6-26 所示。线条的效果如图 6-27 所示。

双击"画笔"工具 ，弹出"画笔工具选项"对话框，如图 6-28 所示。在对话框的"保真度"选项组中，"精确"选项可以调节绘制曲线上的点的精确度，"平滑度"选项可以调节绘制曲线的平滑度。在"选项"选项组中，勾选"填充新画笔描边"复选项，则每次使用画笔工具绘制图形时，系统都会自动以默认颜色来填充对象的笔画；勾选"保持选定"复选项，绘制的曲线处于被选取状态；勾选"编辑所选路径"复选项，画笔工具可以对选中的路径进行编辑。

图 6-25   图 6-26   图 6-27   图 6-28

6.1.4 "画笔"控制面板

选择"窗口 > 画笔"命令，弹出"画笔"控制面板。在"画笔"控制面板中，包含了许多内容。下面我们就来进行详细讲解。

1. 画笔类型

Illustrator CC 2019 包括了 5 种类型的画笔，即散点画笔、书法画笔、毛刷画笔、图案画笔、艺术画笔。

（1）散点画笔。

单击"画笔"控制面板右上角的图标 ≡，将弹出其下拉菜单，在系统默认状态下"显示散点画笔"命令为灰色。选择"打开画笔库"命令，弹出子菜单，如图 6-29 所示。在弹出的菜单中选择任意一种散点画笔，弹出相应的控

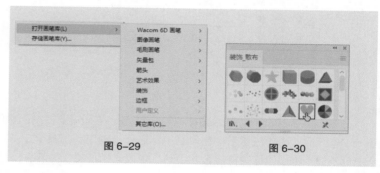

图 6-29   图 6-30

制面板，如图 6-30 所示。在控制面板中单击画笔，画笔就被加载到"画笔"控制面板中，如图 6-31 所示。选择任意一种散点画笔，再选择"画笔"工具 ，用鼠标在页面上连续单击或拖曳鼠标，就可以绘制出需要的图像，效果如图 6-32 所示。

（2）书法画笔。

在系统默认状态下，书法画笔为显示状态，"画笔"控制面板的第 1 排为书法画笔，如图 6-33 所示。选择任意一种书法画笔，选择"画笔"工具 ，在页面中需要的位置单击并按住鼠标左键不放，拖曳鼠标进行线条的绘制。释放鼠标左键，线条绘制完成，效果如图 6-34 所示。

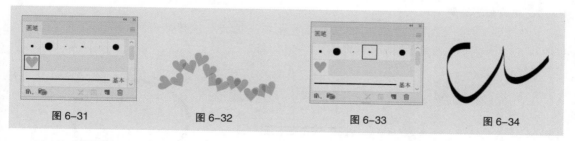

图 6-31   图 6-32   图 6-33   图 6-34

（3）毛刷画笔。

在系统默认状态下，毛刷画笔为显示状态，"画笔"控制面板的第 3 排为毛刷画笔，如图 6-35 所示。选择"画笔"工具 ，在页面中需要的位置单击并按住鼠标左键不放，拖曳鼠标进行线条的

绘制。释放鼠标左键，线条绘制完成，效果如图 6-36 所示。

（4）图案画笔。

单击"画笔"控制面板右上角的图标 ≡，将弹出其下拉菜单，在系统默认状态下"显示图案画笔"命令为灰色。选择"打开画笔库"命令，在弹出的菜单中选择任意一种图案

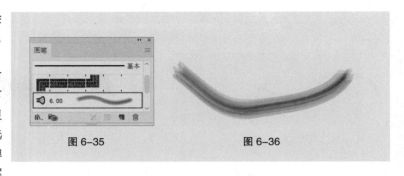

图 6-35　　　　　　　　　　图 6-36

画笔，弹出相应的控制面板，如图 6-37 所示。在控制面板中单击画笔，画笔即被加载到"画笔"控制面板中，如图 6-38 所示。选择任意一种图案画笔，再选择"画笔"工具 ✐，用鼠标在页面上连续单击或拖曳鼠标，就可以绘制出需要的图像，效果如图 6-39 所示。

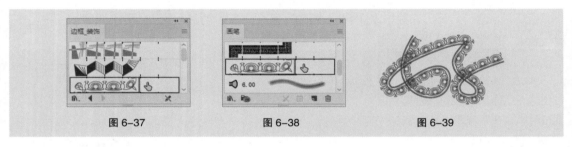

图 6-37　　　　　　　　　图 6-38　　　　　　　　　图 6-39

（5）艺术画笔。

在系统默认状态下，艺术画笔为显示状态，"画笔"控制面板的最后一排以下为艺术画笔，如图 6-40 所示。选择任意一种艺术画笔，选择"画笔"工具 ✐，在页面中需要的位置单击并按住鼠标左键不放，拖曳鼠标进行线条的绘制。释放鼠标左键，线条绘制完成，效果如图 6-41 所示。

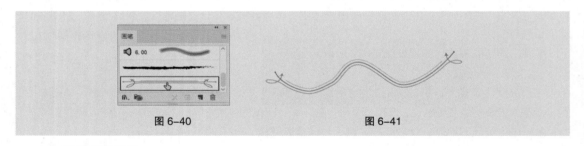

图 6-40　　　　　　　　　　　　　图 6-41

2. 更改画笔类型

选中想要更改画笔类型的图像，如图 6-42 所示，在"画笔"控制面板中单击需要的画笔样式，如图 6-43 所示。更改画笔后的图像效果如图 6-44 所示。

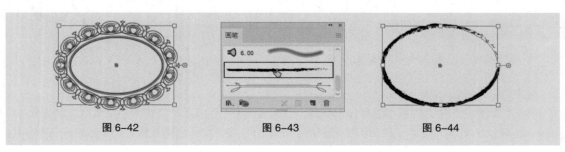

图 6-42　　　　　　　　　图 6-43　　　　　　　　　图 6-44

3. "画笔"控制面板的按钮

"画笔"控制面板下面有4个按钮。从左到右依次是"移去画笔描边"按钮 ✕ 、"所选对象的选项"按钮 ▣ 、"新建画笔"按钮 ▯ 和"删除画笔"按钮 🗑 。

"移去画笔描边"按钮 ✕ ：可以将当前被选中的图形上的描边删除，而留下原始路径。

"所选对象的选项"按钮 ▣ ：可以打开应用到被选中图形上的画笔的选项对话框，在对话框中可以编辑画笔。

"新建画笔"按钮 ▯ ：可以创建新的画笔。

"删除画笔"按钮 🗑 ：可以删除选定的画笔样式。

4. "画笔"控制面板的下拉式菜单

单击"画笔"控制面板右上角的图标 ≡ ，弹出其下拉菜单，如图6-45所示。

"新建画笔"命令、"删除画笔"命令、"移去画笔描边"命令和"所选对象的选项"命令与相应的按钮功能是一样的。"复制画笔"命令可以复制选定的画笔。"选择所有未使用的画笔"命令将选中在当前文档中还没有使用过的所有画笔。"列表视图"命令可以将所有的画笔类

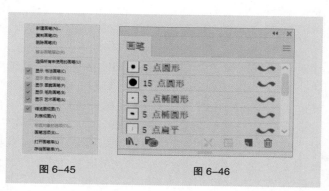

图6-45　　　　　　　　图6-46

型以列表的方式按照名称顺序排列，在显示小图标的同时还可以显示画笔的种类，如图6-46所示。"画笔选项"命令可以打开相关的选项对话框对画笔进行编辑。

5. 编辑画笔

Illustrator CC 2019提供了对画笔编辑的功能，如改变画笔的外观、大小、颜色、角度，以及箭头方向等。对于不同的画笔类型，编辑的参数也有所不同。

选中"画笔"控制面板中需要编辑的画笔，如图6-47所示。单击控制面板右上角的图标 ≡ ，在弹出式菜单中选择"画笔选项"命令，弹出"散点画笔选项"对话框，如图6-48所示。在对话框中，"名称"项可以设定画笔的名称；"大小"选项可以设定画笔图案与原图案之间比例大小的范围；"间距"选项可以设定"画笔"工具 ✎ 绘图时沿路径分布的图案之间的距离；"分布"选项可以设定路径两侧分布的图案之间的距离；"旋转"选项可以设定各个画笔图案的旋转角度；"旋转相对于"选项可以设定画笔图案是相对于"页面"还是相对于"路径"来旋转。"着色"选项组中的"方法"选项可以设置着色的方法；"主色"选项后的吸管工具可以选择颜色，其后的色块即是所选择的颜色；单击"提示"按钮 🛈 ，可弹出"着色提示"对话框，如图6-49所示。设置完成后，单击"确定"按钮，即可完成画笔的编辑。

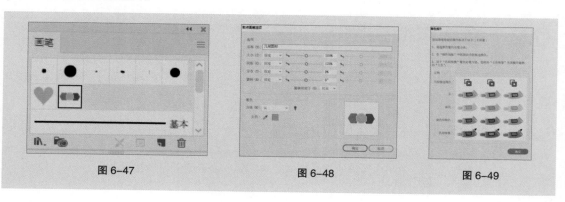

图6-47　　　　　　　　　　　图6-48　　　　　　　　　　图6-49

6. 自定义画笔

在 Illustrator CC 2019 中除了利用系统预设的画笔类型和编辑已有的画笔外，我们还可以使用自定义的画笔。不同类型的画笔，定义的方法类似。如果新建散点画笔，那么作为散点画笔的图形对象中就不能包含有图案、渐变填充等属性。如果新建书法画笔和艺术画笔，就不需要事先制作好图案，只要在其相应的画笔选项对话框中进行设定就可以了。

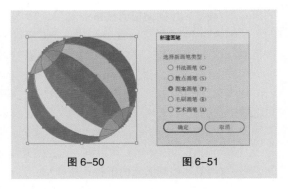

图 6-50　　　　图 6-51

选中想要制作成为画笔的对象，如图 6-50 所示。单击"画笔"控制面板下面的"新建画笔"按钮 ▣，或选择控制面板右上角的按钮 ≡，在弹出式菜单中选择"新建画笔"命令，弹出"新建画笔"对话框，如图 6-51 所示。

点选"图案画笔"单选项，单击"确定"按钮，弹出"图案画笔选项"对话框，如图 6-52 所示。在对话框中，"名称"项用于设置图案画笔的名称；"缩放"选项用于设置图案画笔的缩放比例；"间距"项用于设置图案之间的间距；▣▣▣▣▣ 选项用于设置画笔的外角拼贴、边线拼贴、内角拼贴、起点拼贴和终点拼贴；"翻转"选项组用于设置图案的翻转方向；"适合"选项组用于设置图案与图形的适合关系；"着色"选项组用于设置图案画笔的着色方法和主色调。单击"确定"按钮，制作的画笔将自动添加到"画笔"控制面板中，如图 6-53 所示。使用新定义的画笔可以在绘图页面上绘制图形，效果如图 6-54 所示。

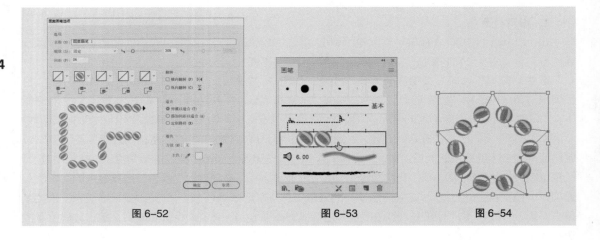

图 6-52　　　　　　　　　图 6-53　　　　　　　　　图 6-54

6.2　绘制与编辑路径

Illustrator CC 2019 提供了多种绘制与编辑路径的工具，我们可以应用这些工具对路径进行变换，还可以应用路径菜单中的命令对路径进行编辑。

6.2.1　课堂案例——绘制可口冰淇淋

【案例学习目标】学习使用钢笔工具、"编辑路径"命令绘制可口冰淇淋。

扫码观看
本案例视频 1

扫码观看
本案例视频 2

扫码查看
扩展案例

1. 绘制冰淇淋球

（1）按 Ctrl+N 组合键，弹出"新建文档"对话框，设置文档的宽度为 800 px，高度为 600 px，取向为横向，颜色模式为 RGB，单击"创建"按钮，新建一个文档。

（2）选择"椭圆"工具 ◯，按住 Shift 键的同时，在适当的位置绘制一个圆形，如图 6-56 所示，并在属性栏中将"描边粗细"项设置为 13 pt。按 Enter 键确定操作，效果如图 6-57 所示。

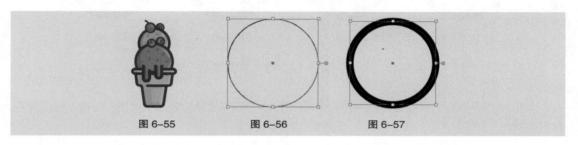

图 6-55　　　　　图 6-56　　　　　图 6-57

（3）保持图形选取状态。设置描边色为紫色（83、35、85），填充描边，效果如图 6-58 所示。并设置填充色为淡粉色（235、147、187），填充图形，效果如图 6-59 所示。

（4）选择"椭圆"工具 ◯，按住 Shift 键的同时，在适当的位置绘制一个圆形，效果如图 6-60 所示。选择"选择"工具 ▶，按住 Alt 键的同时，向右拖曳圆形到适当的位置，复制圆形，效果如图 6-61 所示。

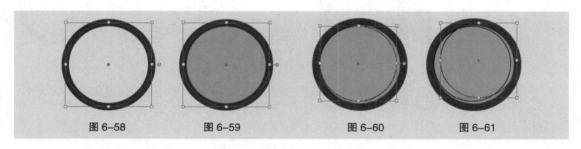

图 6-58　　　　　图 6-59　　　　　图 6-60　　　　　图 6-61

（5）选择"选择"工具 ▶，按住 Shift 键的同时，单击左侧圆形将其同时选取，如图 6-62 所示。选择"窗口 > 路径查找器"命令，弹出"路径查找器"控制面板，单击"减去顶层"按钮 ◻，如图 6-63 所示。生成新的对象，效果如图 6-64 所示。设置填充色为粉红色（220、120、170），填充图形，并设置描边色为无，效果如图 6-65 所示。

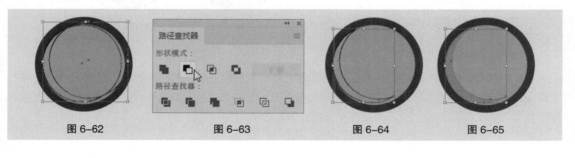

图 6-62　　　　　图 6-63　　　　　图 6-64　　　　　图 6-65

（6）选择"椭圆"工具 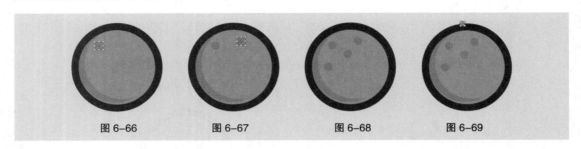，按住 Shift 键的同时，在适当的位置绘制一个圆形，设置填充色为粉红色（220、120、170），填充图形，并设置描边色为无，效果如图 6-66 所示。

（7）选择"选择"工具，按住 Alt 键的同时，向右拖曳圆形到适当的位置，复制圆形，效果如图 6-67 所示。用相同的方法再复制 2 个圆形，效果如图 6-68 所示。

（8）选择"椭圆"工具，按住 Shift 键的同时，在适当的位置绘制一个圆形，填充图形为白色，并设置描边色为无，效果如图 6-69 所示。

图 6-66　　　　　图 6-67　　　　　图 6-68　　　　　图 6-69

（9）选择"窗口 > 透明度"命令，弹出"透明度"控制面板，选项的设置如图 6-70 所示，效果如图 6-71 所示。

（10）选择"选择"工具，按住 Alt 键的同时，向右下方拖曳圆形到适当的位置，复制圆形，效果如图 6-72 所示。

（11）选择"钢笔"工具，在适当的位置分别绘制不规则图形，如图 6-73 所示。选择"选择"工具，按住 Shift 键的同时，将所绘制的图形同时选取，填充图形为白色，并设置描边色为无，效果如图 6-74 所示。

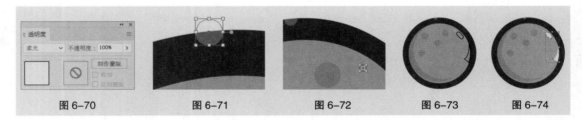

图 6-70　　　　　图 6-71　　　　　图 6-72　　　　　图 6-73　　　　　图 6-74

（12）在"透明度"控制面板中，将混合模式选项设为"柔光"，其他选项的设置如图 6-75 所示，效果如图 6-76 所示。用相同的方法再制作一个红色冰淇淋球，效果如图 6-77 所示。

图 6-75　　　　　　　图 6-76　　　　　　图 6-77

2．绘制冰淇淋筒

（1）选择"矩形"工具，在适当的位置绘制一个矩形，如图 6-78 所示。选择"直接选择"工具，选取左下角的锚点，并向右拖曳锚点到适当的位置，效果如图 6-79 所示。向内拖曳左下角的边角构件，如图 6-80 所示。松开鼠标后，效果如图 6-81 所示。

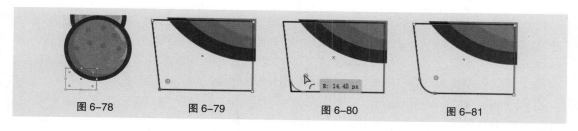

图 6-78   图 6-79   图 6-80   图 6-81

（2）用相同的方法再绘制一个图形，效果如图 6-82 所示。选择"选择"工具 ▶，按住 Shift 键的同时，将所绘制的图形同时选取，如图 6-83 所示。在"路径查找器"控制面板中，单击"联集"按钮 ■，如图 6-84 所示。生成新的对象，效果如图 6-85 所示。

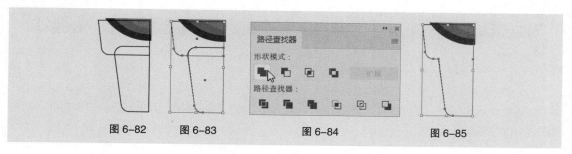

图 6-82   图 6-83   图 6-84   图 6-85

（3）双击"镜像"工具 ◁▶，弹出"镜像"对话框，选项的设置如图 6-86 所示。单击"复制"按钮，镜像并复制图形，效果如图 6-87 所示。选择"选择"工具 ▶，按住 Shift 键的同时，水平向右拖曳复制的图形到适当的位置，效果如图 6-88 所示。

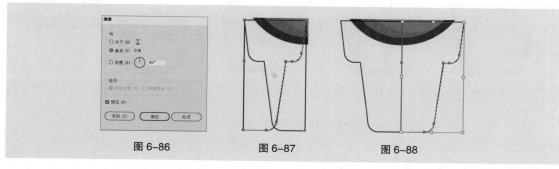

图 6-86   图 6-87   图 6-88

（4）选择"选择"工具 ▶，按住 Shift 键的同时，单击原图形将其同时选取，如图 6-89 所示。在"路径查找器"控制面板中，单击"联集"按钮 ■，生成新的对象，效果如图 6-90 所示。

（5）保持图形选取状态。在属性栏中将"描边粗细"项设置为 13 pt，按 Enter 键确定操作，效果如图 6-91 所示。设置描边色为紫色（83、35、85），填充描边；并设置填充色为橘黄色（236、175、70），填充图形，效果如图 6-92 所示。

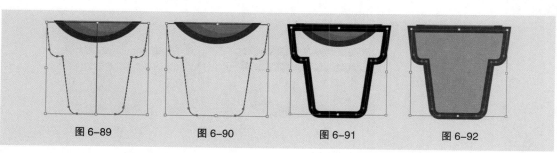

图 6-89   图 6-90   图 6-91   图 6-92

（6）选择"直线段"工具 ✎，按住 Shift 键的同时，在适当的位置绘制一条直线，设置描边色为紫色（83、35、85），填充描边，效果如图 6-93 所示。

（7）选择"窗口 > 描边"命令，弹出"描边"控制面板。单击"端点"选项中的"圆头端点"按钮 ⊂，其他选项的设置如图 6-94 所示，效果如图 6-95 所示。

（8）选择"矩形"工具 ▢，在适当的位置绘制一个矩形，如图 6-96 所示。选择"直接选择"工具 ▷，选取右下角的锚点，并向左拖曳锚点到适当的位置，效果如图 6-97 所示。

图 6-93　　　　　图 6-94　　　　　图 6-95　　　　　图 6-96　　　　　图 6-97

（9）选取左下角的锚点，并向右拖曳锚点到适当的位置，效果如图 6-98 所示。向内拖曳左下角的边角构件，松开鼠标后，效果如图 6-99 所示。用相同的方法调整左上角锚点的边角构件，效果如图 6-100 所示。

（10）选择"选择"工具 ▷，选取图形，设置填充色为浅黄色（245、197、92），填充图形，并设置描边色为无，效果如图 6-101 所示。用相同的方法绘制另一个图形，并填充相应的颜色，效果如图 6-102 所示。

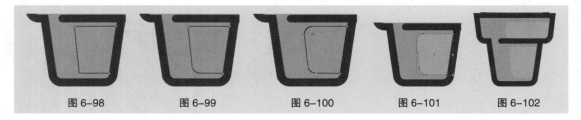

图 6-98　　　　　图 6-99　　　　　图 6-100　　　　　图 6-101　　　　　图 6-102

（11）选择"矩形"工具 ▢，在适当的位置绘制一个矩形，如图 6-103 所示。并在属性栏中将"描边粗细"项设置为 13 pt。按 Enter 键确定操作，效果如图 6-104 所示。

（12）选择"窗口 > 变换"命令，弹出"变换"控制面板，在"矩形属性"选项组中，将"圆角半径"选项均设为 11 px，如图 6-105 所示。按 Enter 键确定操作，效果如图 6-106 所示。设置描边色为紫色（83、35、85），填充描边，效果如图 6-107 所示。

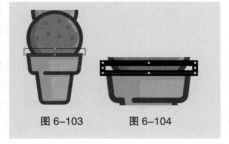

图 6-103　　　　　图 6-104

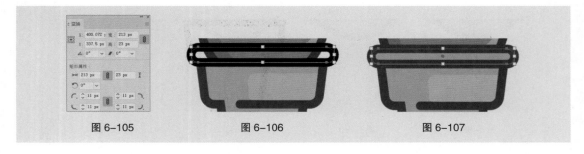

图 6-105　　　　　图 6-106　　　　　图 6-107

（13）选择"直线段"工具 ✐，按住 Shift 键的同时，在适当的位置绘制一条直线，设置描边色为浅黄色（245、197、92），填充描边，效果如图 6-108 所示。

（14）选择"窗口 > 描边"命令，弹出"描边"控制面板。单击"端点"选项中的"圆头端点"按钮 ⬤，其他选项的设置如图 6-109 所示，效果如图 6-110 所示。

图 6-108　　　　　　　　　图 6-109　　　　　　　　　图 6-110

（15）按 Ctrl+O 组合键，打开云盘中的"Ch06 > 素材 > 绘制可口冰淇淋 > 01"文件。按 Ctrl+A 组合键，全选图形，按 Ctrl+C 组合键，复制图形。选择正在编辑的页面，按 Ctrl+V 组合键，将其粘贴到页面中。选择"选择"工具 ▶，拖曳复制的图形到适当的位置，效果如图 6-111 所示。

（16）选取右上角的蓝莓，连续按 Ctrl+ [组合键，将图形向后移至适当的位置，效果如图 6-112 所示。用相同的方法调整其他图形顺序，效果如图 6-113 所示。可口冰淇淋绘制完成。

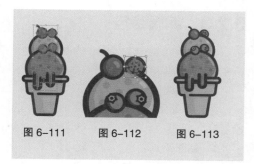

图 6-111　　　　图 6-112　　　　图 6-113

6.2.2　钢笔工具

Illustrator CC 2019 中的钢笔工具是一个非常重要的工具。使用钢笔工具可以绘制直线、曲线和任意形状的路径，可以对线段进行精确的调整，使其更加完美。

1.　绘制直线

选择"钢笔"工具 ✐，在页面中单击鼠标确定直线的起点，如图 6-114 所示。移动鼠标指针到需要的位置，再次单击鼠标确定直线的终点，如图 6-115 所示即可绘制一条直线。

在需要的位置再连续单击确定其他的锚点，就可以绘制出折线的效果，如图 6-116 所示。如果双击折线上的锚点，该锚点会被删除，折线的另外两个锚点将自动连接，如图 6-117 所示。

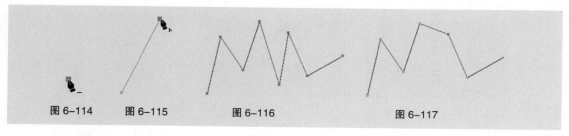

图 6-114　　　图 6-115　　　　　图 6-116　　　　　　图 6-117

2.　绘制曲线

选择"钢笔"工具 ✐，在页面中单击并按住鼠标左键拖曳鼠标来确定曲线的起点。起点的两端分别出现了一条控制线，释放鼠标，如图 6-118 所示。

移动鼠标指针到需要的位置，再次单击并按住鼠标左键拖曳鼠标，出现了一条曲线段。拖曳鼠标的同时，第 2 个锚点两端也出现了控制线。按住鼠标不放，随着鼠标指针的移动，曲线段的形状也随之发生变化，如图 6-119 所示。释放鼠标，移动鼠标指针继续绘制。

如果连续地单击并拖曳鼠标，则可以绘制出一些连续、平滑的曲线，如图 6-120 所示。

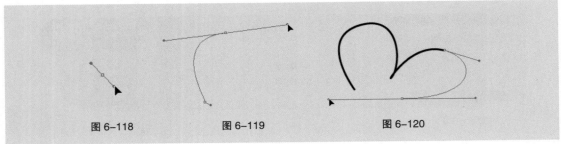

图 6-118　　　　　　　　图 6-119　　　　　　　　图 6-120

6.2.3　编辑路径

在 Illustrator CC 2019 的工具箱中包括了很多路径编辑工具，我们可以应用这些工具对路径进行变形、转换和剪切等编辑操作。

1. 添加锚点

绘制一段路径，如图 6-121 所示。选择"添加锚点"工具 ，在路径上面的任意位置单击，路径上就会增加一个新的锚点，如图 6-122 所示。

2. 删除锚点

绘制一段路径，如图 6-123 所示。选择"删除锚点"工具 ，在路径上面的任意一个锚点上单击，该锚点就会被删除，如图 6-124 所示。

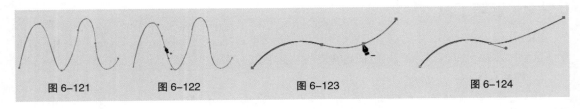

图 6-121　　　　　　图 6-122　　　　　　　　图 6-123　　　　　　　　图 6-124

3. 转换锚点

绘制一段闭合的星形路径，如图 6-125 所示。选择"锚点"工具 ，单击路径上的锚点，锚点就会被转换，如图 6-126 所示。拖曳锚点可以编辑路径的形状，效果如图 6-127 所示。

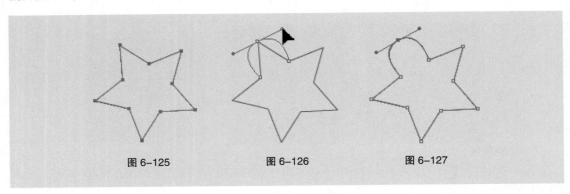

图 6-125　　　　　　　　图 6-126　　　　　　　　图 6-127

6.2.4 剪刀工具

绘制一段路径，如图 6-128 所示。选择"剪刀"工具 ✂，单击路径上任意一点，路径就会从单击的地方被剪切为两条路径，如图 6-129 所示。按键盘上方向键中的向下键，移动剪切的锚点，即可看到剪切后的效果，如图 6-130 所示。

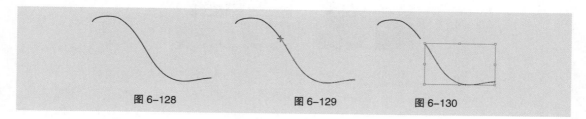

图 6-128　　　　　　　　图 6-129　　　　　　　　图 6-130

6.2.5 偏移路径

使用"偏移路径"命令可以围绕着已有路径的外部或内部勾画一条新的路径，新路径与原路径之间偏移的距离可以按需要设置。

选中要偏移的对象，如图 6-131 所示。选择"对象 > 路径 > 偏移路径"命令，弹出"偏移路径"对话框，如图 6-132 所示。"位移"项用来设置偏移的距离，设置的数值为正，新路径在原始路径的外部；设置的数值为负，新路径在原始路径的内部。"连接"选项可以设置新路径拐角上不同的连接方式。"斜接限制"项会影响到连接区域的大小。

设置"位移"选项中的数值为正时，偏移效果如图 6-133 所示。设置"位移"选项中的数值为负时，偏移效果如图 6-134 所示。

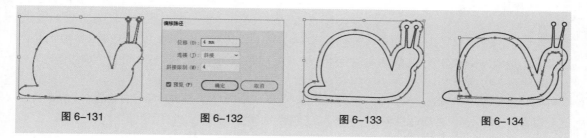

图 6-131　　　　　　图 6-132　　　　　　　图 6-133　　　　　　　图 6-134

6.3 使用符号

符号是一种能存储在"符号"控制面板中，并且在一个插图中可以多次重复使用的对象。Illustrator CC 2019 提供了"符号"控制面板，专门用来创建、存储和编辑符号。

6.3.1 课堂案例——绘制许愿灯插画

【案例学习目标】学习使用"符号"控制面板、符号喷枪工具绘制许愿灯插画。

【案例知识要点】使用钢笔工具、椭圆工具、"路径查找器"命令和渐变工具绘制许愿灯；使用"符号"控制面板、符号喷枪工具定义并绘制符号；使用符号缩放器工具、符号旋转器工具和符号滤色器工具调整符号大小、旋转角度和透明度。许愿灯插画效果如图 6-135 所示。

【效果所在位置】云盘 /Ch06/ 效果 / 绘制许愿灯插画 .ai。

图 6-135

（1）按Ctrl+O组合键，打开云盘中的"Ch06 > 素材 > 绘制许愿灯插画 > 01"文件，如图6-136所示。

（2）选择"钢笔"工具 ✐ ，在页面外绘制一个不规则图形，如图6-137所示。设置填充色为橙色（239、124、19），填充图形，并设置描边色为无，效果如图6-138所示。

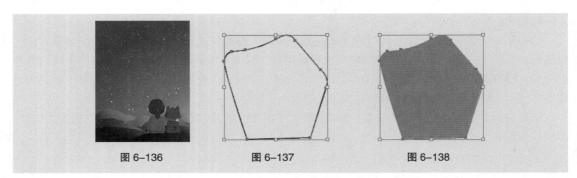

图 6-136   图 6-137   图 6-138

（3）选择"钢笔"工具 ✐ ，在适当的位置分别绘制不规则图形，如图6-139所示。选择"选择"工具 ▶ ，选取需要的图形，设置填充色为淡红色（189、55、0），填充图形，并设置描边色为无，效果如图6-140所示。

（4）选取需要的图形，设置填充色为深红色（227、66、0），填充图形，并设置描边色为无，效果如图6-141所示。在属性栏中将"不透明度"项设为50%，按Enter键确定操作，效果如图6-142所示。

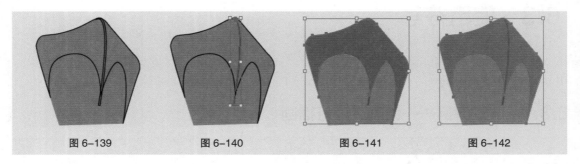

图 6-139   图 6-140   图 6-141   图 6-142

（5）选择"椭圆"工具 ◯ ，在适当的位置绘制一个椭圆形，效果如图6-143所示。选择"直接选择"工具 ▷ ，选取椭圆形下方的锚点，并向上拖曳锚点到适当的位置，效果如图6-144所示。选取左侧的锚点，拖曳下方的控制手柄到适当的位置，调整其弧度，效果如图6-145所示。用相同的方法调整右侧锚点，效果如图6-146所示。

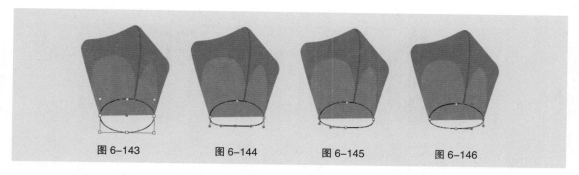

图 6-143　　　　　图 6-144　　　　　图 6-145　　　　　图 6-146

（6）选择"选择"工具 ，选取图形，设置填充色为橘黄色（251、183、39），填充图形，并设置描边色为无，效果如图 6-147 所示。选择"椭圆"工具 ，在适当的位置绘制一个椭圆形，效果如图 6-148 所示。

（7）选择"选择"工具 ，选取下方的橘黄色图形，按 Ctrl+C 组合键，复制图形，按 Ctrl+F 组合键，将复制的图形粘贴在前面，如图 6-149 所示。按住 Shift 键的同时，单击上方的椭圆形将其同时选取，如图 6-150 所示。

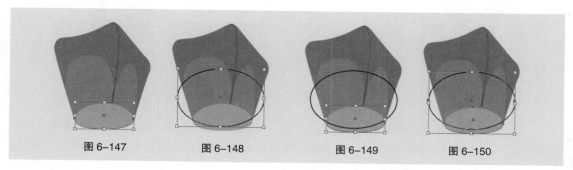

图 6-147　　　　　图 6-148　　　　　图 6-149　　　　　图 6-150

（8）选择"窗口 > 路径查找器"命令，弹出"路径查找器"控制面板。单击"交集"按钮 ，如图 6-151 所示，生成新的对象，效果如图 6-152 所示。

（9）保持图形选取状态，设置填充色为深红色（227、66、0），填充图形，并设置描边色为无，效果如图 6-153 所示。在属性栏中将"不透明度"项设为 50%，按 Enter 键确定操作，效果如图 6-154 所示。用相同的方法制作其他图形，并填充相应的颜色，效果如图 6-155 所示。

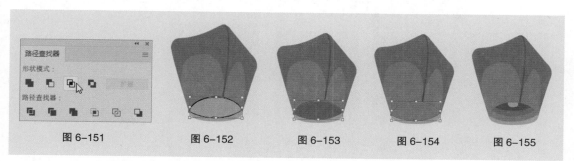

图 6-151　　　　　图 6-152　　　　　图 6-153　　　　　图 6-154　　　　　图 6-155

（10）选择"椭圆"工具 ，在适当的位置绘制一个椭圆形，效果如图 6-156 所示。双击"渐变"工具 ，弹出"渐变"控制面板，选中"径向渐变"按钮 ，在色带上设置 2 个渐变滑块，分别将渐变滑块的位置设为 0、100，并设置 R、G、B 的值分别为 0（255、255、0）、100（251、176、59），将上方渐变滑块的"位置"选项设为 31%，其他选项的设置如图 6-157 所示。图形被填充为渐变色，并设置了描边色为无，效果如图 6-158 所示。

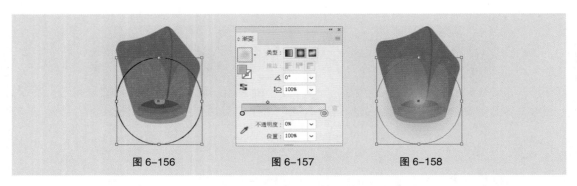

图 6-156　　　　　　　　图 6-157　　　　　　　　图 6-158

（11）选择"选择"工具 ，用框选的方法将所绘制的图形同时选取，按 Ctrl+G 组合键，将其编组，如图 6-159 所示。选择"窗口 > 变换"命令，弹出"变换"控制面板，将"旋转"选项设为 9°，如图 6-160 所示。按 Enter 键确定操作，效果如图 6-161 所示。

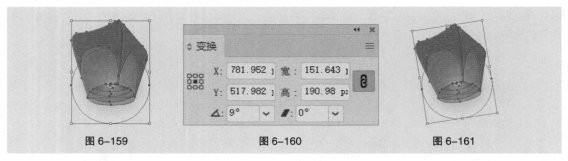

图 6-159　　　　　　　　图 6-160　　　　　　　　图 6-161

（12）选择"窗口 > 符号"命令，弹出"符号"控制面板，如图 6-162 所示。将选中的许愿灯拖曳到"符号"控制面板中，如图 6-163 所示，同时弹出"符号选项"对话框，设置如图 6-164 所示。单击"确定"按钮，创建符号，如图 6-165 所示。

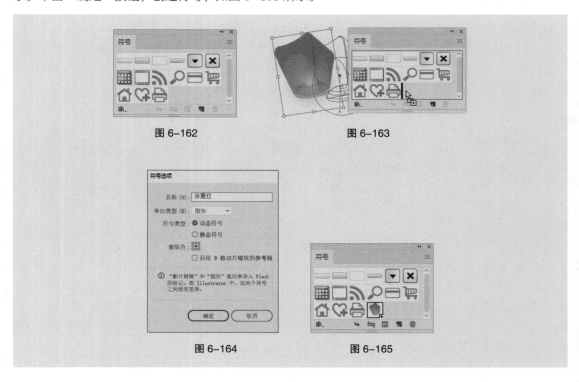

图 6-162　　　　　　　　　图 6-163

图 6-164　　　　　　　　图 6-165

（13）选择"符号喷枪"工具 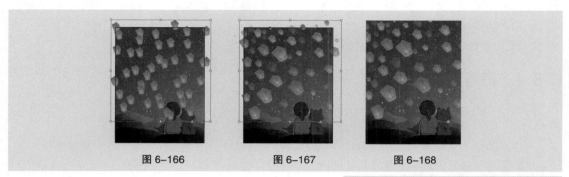，在页面中拖曳鼠标绘制多个许愿灯符号，效果如图6-166所示。使用"符号缩放器"工具 、"符号旋转器"工具 和"符号滤色器"工具 ，分别调整符号的大小、旋转角度及透明度，效果如图6-167所示。许愿灯插画绘制完成，效果如图6-168所示。

图6-166   图6-167   图6-168

6.3.2　"符号"控制面板

"符号"控制面板具有创建、编辑和存储符号的功能。单击控制面板右上方的图标 ，弹出其下拉菜单，如图6-169所示。

在"符号"控制面板下边有以下6个按钮。

"符号库菜单"按钮 ：包括了多种符合库，可以选择调用。

"置入符号实例"按钮 ：将当前选中的一个符号范例放置在页面的中心。

图6-169

"断开符号链接"按钮 ：将添加到插图中的符号范例与"符号"控制面板断开链接。

"符号选项"按钮 ：单击该按钮可以打开"符号选项"对话框，并进行设置。

"新建符号"按钮 ：单击该按钮可以将选中的要定义为符号的对象添加到"符号"控制面板中作为符号。

"删除符号"按钮 ：单击该按钮可以删除"符号"控制面板中被选中的符号。

6.3.3　创建和应用符号

1．创建符号

单击"新建符号"按钮 可以将选中的要定义为符号的对象添加到"符号"控制面板中作为符号。

将选中的对象直接拖曳到"符号"控制面板中，弹出"符号选项"对话框，单击"确定"按钮，即可创建符号，如图6-170所示。

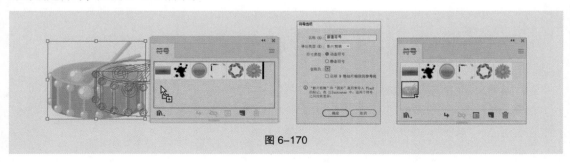

图6-170

2. 应用符号

在"符号"控制面板中选中需要的符号，直接将其拖曳到当前插图中，即得到一个符号范例，如图 6-171 所示。

选择"符号喷枪"工具 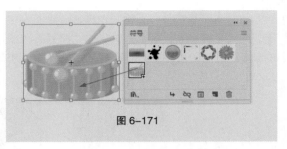 可以同时创建多个符号范例，并且可以将它们作为一个符号集合。

图 6-171

6.3.4 符号工具

Illustrator CC 2019 工具箱的符号工具组中提供了 8 个符号工具，展开的符号工具组如图 6-172 所示。

"符号喷枪"工具 📱：创建符号集合，可以将"符号"控制面板中的符号对象应用到插图中。

"符号移位器"工具 🐾：移动符号范例。

"符号紧缩器"工具 🐾：对符号范例进行缩紧变形。

"符号缩放器"工具 🔍：对符号范例进行放大操作。按住 Alt 键，可以对符号范例进行缩小操作。

"符号旋转器"工具 ◉：对符号范例进行旋转操作。

"符号着色器"工具 🐾：使用当前颜色为符号范例填色。

"符号滤色器"工具 🐾：增加符号范例的透明度。按住 Alt 键，可以减小符号范例的透明度。

"符号样式器"工具 ◈：将当前样式应用到符号范例中。

设置符号工具的属性，双击任意一个符号工具，将弹出"符号工具选项"对话框，如图 6-173 所示。

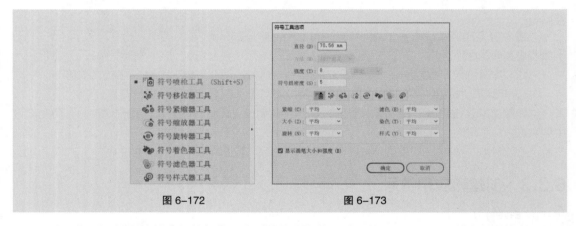

图 6-172　　　　　　　　　　　　　图 6-173

"直径"项：设置笔刷直径的数值。这时的笔刷指的是选取符号工具后，鼠标指针的形状。

"强度"项：设定拖曳鼠标时，符号范例随鼠标指针变化的速度，数值越大，被操作的符号范例变化越快。

"符号组密度"项：设定符号集合中包含符号范例的密度，数值越大，符号集合所包含的符号范例的数目就越多。

"显示画笔大小及强度"复选项：勾选该复选项，在使用符号工具时可以看到笔刷，不勾选该复选项则隐藏笔刷。

使用符号工具应用符号的具体操作如下。

选择"符号喷枪"工具 📱，鼠标指针将变成一个中间有喷壶的圆形，如图 6-174 所示。在"符号"控制面板中选取一种需要的符号对象，如图 6-175 所示。

在页面上按住鼠标左键不放并拖曳，符号喷枪工具将沿着拖曳的轨迹喷射出多个符号范例，这些符号范例将组成一个符号集合，如图 6-176 所示。

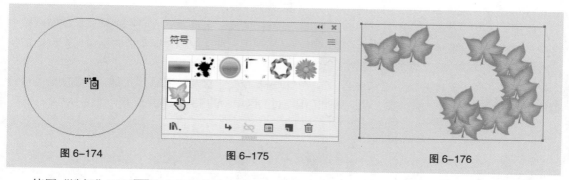

图 6-174　　　　　　　　　　　图 6-175　　　　　　　　　　　图 6-176

使用"选择"工具 ▶ 选中符号集合，再选择"符号移位器"工具 ，将鼠标指针移到要移动的符号范例上按住鼠标左键不放并拖曳，在鼠标指针范围之中的符号范例将随其移动，如图 6-177 所示。

使用"选择"工具 ▶ 选中符号集合，选择"符号紧缩器"工具 ，将鼠标指针移到要使用符号紧缩器工具的符号范例上，按住鼠标左键不放并拖曳，符号范例被紧缩，如图 6-178 所示。

使用"选择"工具 ▶ 选中符号集合，选择"符号缩放器"工具 ，将鼠标指针移到要调整的符号范例上，按住鼠标左键不放并拖曳，在鼠标指针范围之中的符号范例将变大，如图 6-179 所示。按住 Alt 键，则可缩小符号范例。

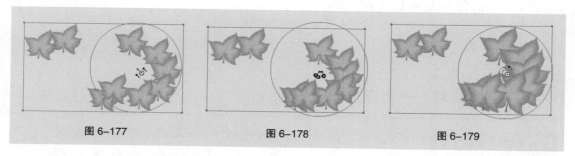

图 6-177　　　　　　　　　　　图 6-178　　　　　　　　　　　图 6-179

使用"选择"工具 ▶ 选中符号集合，选择"符号旋转器"工具 ，将鼠标指针移到要旋转的符号范例上，按住鼠标左键不放并拖曳，在鼠标指针范围之中的符号范例将发生旋转，如图 6-180 所示。

在"色板"控制面板或"颜色"控制面板中设定一种颜色作为当前色，使用"选择"工具 ▶ 选中符号集合，选择"符号着色器"工具 ，将鼠标指针移到要填充颜色的符号范例上，按住鼠标左键不放并拖曳，在鼠标指针范围中的符号范例被填充上当前色，如图 6-181 所示。

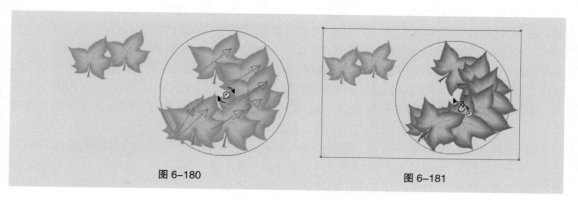

图 6-180　　　　　　　　　　　　　　　　图 6-181

使用"选择"工具 ▶ 选中符号集合，选择"符号滤色器"工具 ◉，将鼠标指针移到要改变透明度的符号范例上，按住鼠标左键不放并拖曳，在鼠标指针范围中的符号范例的透明度将被增大，如图 6-182 所示。按住 Alt 键，可以减小符号范例的透明度。

使用"选择"工具 ▶ 选中符号集合，选择"符号样式器"工具 ◉，在"图形样式"控制面板中选中一种样式，将鼠标指针移到要改变样式的符号范例上，按住鼠标左键不放并拖曳，在鼠标指针范围中的符号范例将被改变样式，如图 6-183 所示。

使用"选择"工具 ▶ 选中符号集合，选择"符号喷枪"工具 ◻，按住 Alt 键，在要删除的符号范例上按住鼠标左键不放并拖曳，鼠标指针范围经过的区域中的符号范例被删除，如图 6-184 所示。

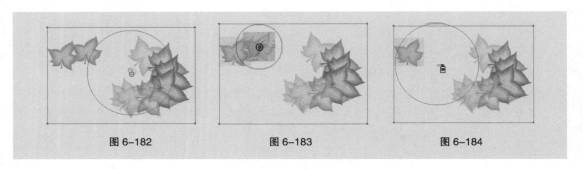

图 6-182　　　　　　　图 6-183　　　　　　　图 6-184

6.4　编组与对齐对象

在绘制图形的过程中，我们可以将多个图形进行编组，从而组合成一个图形组。还可以通过"对齐"控制面板快速有效地对齐或分布多个图形对象。

6.4.1　课堂案例——制作寿司店海报

扫码观看本案例视频

扫码查看扩展案例

【案例学习目标】学习使用"对齐"控制面板制作寿司店海报。

【案例知识要点】使用"置入"命令置入素材图片；使用"对齐"控制面板对齐图片；使用矩形工具、"剪切蒙版"命令制作图片蒙版效果；使用文字工具、"字符"控制面板添加宣传信息。寿司店海报效果如图 6-185 所示。

【效果所在位置】云盘 /Ch06/ 效果 / 制作寿司店海报 .ai。

（1）按 Ctrl+N 组合键，弹出"新建文档"对话框，设置文档的宽度为 1080 px，高度为 1440 px，取向为竖向，颜色模式为 RGB，单击"创建"按钮，新建一个文档。

（2）选择"文件 > 置入"命令，弹出"置入"对话框，选择云盘中的"Ch06 > 素材 > 制作寿司店海报 > 01"文件，单击"置入"按钮，在页面中单击置入图片。单击属性栏中的"嵌入"按钮，嵌入图片。选择"选择"工具 ▶，拖曳图片到适当的位置，效果如图 6-186 所示。按 Ctrl+2 组合键，锁定所选对象。

（3）按 Ctrl+O 组合键，打开云盘中的"Ch06 > 素材 > 制作寿司店海报 > 02"文件。按 Ctrl+A 组合键，全选图片，按 Ctrl+C 组合键，复制图片。选择正在编辑的页面，按 Ctrl+V 组合键，将其粘贴到页面中。选择"选择"工具 ▶，并拖曳复制的图片到适当的位置，效果如图 6-187 所示。

（4）用框选的方法将第 1 排图片同时选取，如图 6-188 所示。选择"窗口 > 对齐"命令，弹出"对齐"控制面板，将对齐方式设为"对齐所选对象"，单击"垂直居中对齐"按钮 ▥，如图 6-189 所示。

居中对齐的效果如图 6-190 所示。

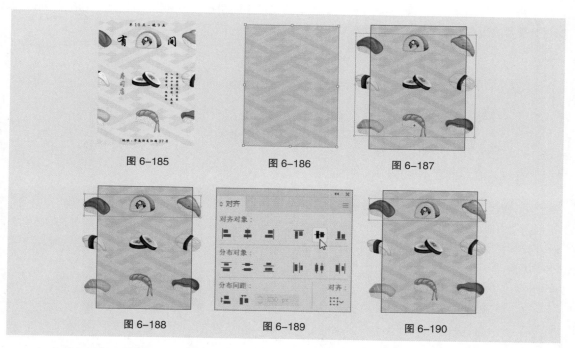

图 6-185   图 6-186   图 6-187

图 6-188   图 6-189   图 6-190

（5）用框选的方法将第 2 排图片同时选取，如图 6-191 所示。在"对齐"控制面板中，单击"垂直底对齐"按钮 ，如图 6-192 所示。底部对齐的效果如图 6-193 所示。

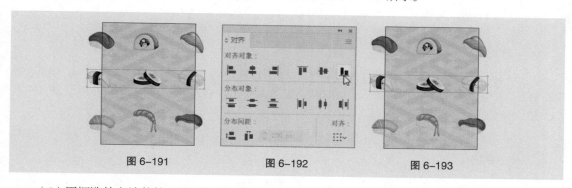

图 6-191   图 6-192   图 6-193

（6）用框选的方法将第 3 排图片同时选取，如图 6-194 所示。在"对齐"控制面板中，单击"垂直顶对齐"按钮 ，如图 6-195 所示。顶部对齐的效果如图 6-196 所示。

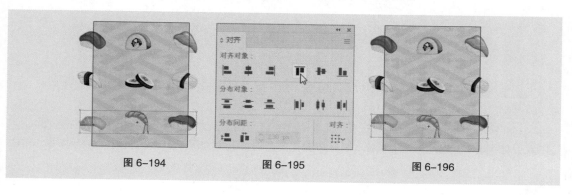

图 6-194   图 6-195   图 6-196

（7）用框选的方法将第 1 列图片同时选取，如图 6-197 所示。在"对齐"控制面板中，单击"水平居中对齐"按钮 ▲，如图 6-198 所示。居中对齐的效果如图 6-199 所示。按 Ctrl+G 组合键，将第 1 列图片编组。

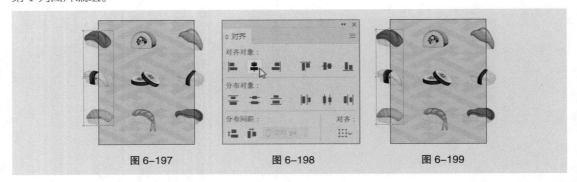

图 6-197   图 6-198   图 6-199

（8）用框选的方法将第 2 列图片同时选取，如图 6-200 所示。在"对齐"控制面板中，单击"水平右对齐"按钮 ▆，如图 6-201 所示。右侧对齐的效果如图 6-202 所示。按 Ctrl+G 组合键，将第 2 列图片编组。

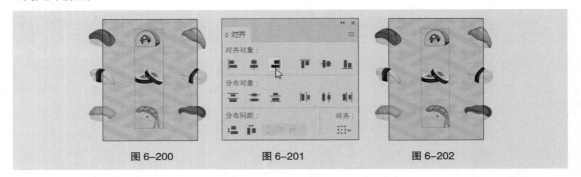

图 6-200   图 6-201   图 6-202

（9）用框选的方法将第 3 列图片同时选取，如图 6-203 所示。在"对齐"控制面板中，单击"水平左对齐"按钮 ▆，如图 6-204 所示。左侧对齐的效果如图 6-205 所示。按 Ctrl+G 组合键，将第 3 列图片编组。

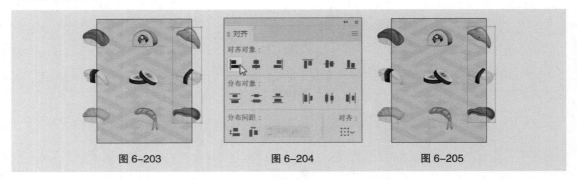

图 6-203   图 6-204   图 6-205

（10）用框选的方法将所有图片同时选取，如图 6-206 所示，再次单击第 1 列编组图片将其作为参照对象，如图 6-207 所示。

（11）在"对齐"控制面板中右下方的数值框中将间距值设为 230 px，再单击"水平分布间距"按钮 ▮，如图 6-208 所示，等距离水平分布图片，效果如图 6-209 所示。按 Ctrl+G 组合键，将选中的图片编组。

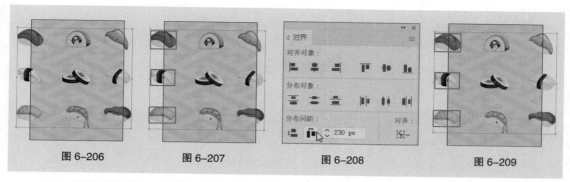

图 6-206　　　　　　图 6-207　　　　　　　　　图 6-208　　　　　　　　图 6-209

（12）选择"矩形"工具▢，绘制一个与页面大小相等的矩形，如图 6-210 所示。选择"选择"工具▶，按住 Shift 键的同时，单击下方的编组图片将其同时选取，如图 6-211 所示。按 Ctrl+7 组合键，建立剪切蒙版，效果如图 6-212 所示。

（13）选择"文字"工具T，在页面中分别输入需要的文字。选择"选择"工具▶，在属性栏中选择合适的字体并设置文字大小，效果如图 6-213 所示。按住 Shift 键的同时，将需要的文字同时选取，按 Alt + → 组合键，调整文字间距，效果如图 6-214 所示。

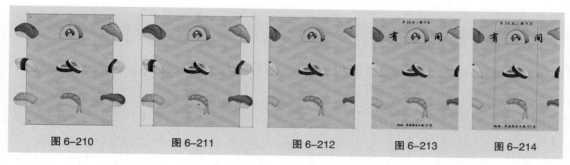

图 6-210　　　　　　图 6-211　　　　　　图 6-212　　　　　　图 6-213　　　　　　图 6-214

（14）选择"直排文字"工具IT，在适当的位置输入需要的文字。选择"选择"工具▶，在属性栏中选择合适的字体并设置文字大小，效果如图 6-215 所示。

（15）选取文字"寿司店"，按 Ctrl+T 组合键，弹出"字符"控制面板，将"设置所选字符的字距调整"选项设为 50，其他选项的设置如图 6-216 所示。按 Enter 键确定操作，效果如图 6-217 所示。设置填充色深蓝色（94、129、142），填充文字，效果如图 6-218 所示。

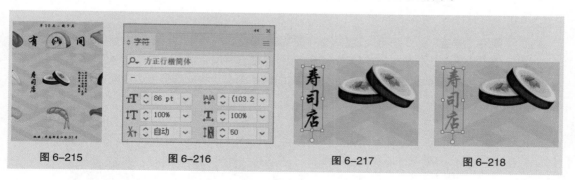

图 6-215　　　　　　图 6-216　　　　　　　图 6-217　　　　　　　图 6-218

（16）选取右侧需要的文字，在"字符"控制面板中，将"设置行距"选项设为 60 pt，其他选项的设置如图 6-219 所示。按 Enter 键确定操作，效果如图 6-220 所示。寿司店海报制作完成，效果如图 6-221 所示。

图 6-219   图 6-220   图 6-221

6.4.2 编组对象

使用"编组"命令可以将多个对象组合在一起使其成为一个对象。使用"选择"工具 ，选取要编组的图像，编组之后，单击任何一个图像，其他图像都会被一起选取。

1. 创建组合

选取要编组的对象，如图 6-222 所示。选择"对象 > 编组"命令（组合键为 Ctrl+G），将选取的对象组合。组合后的图像，选择其中的任何一个图像，其他的图像也会同时被选取，如图 6-223 所示。

将多个对象组合后，其外观并没有变化，当对任何一个对象进行编辑时，其他对象也随之产生相应的变化。如果需要单独编辑组合中的个别对象，而不改变其他对象的状态，可以应用"编组选择"工具 进行选取。选择"编组选择"工具 ，用鼠标单击要移动的对象并按住鼠标左键不放，拖曳对象到合适的位置，效果如图 6-224 所示，可见其他的对象并没有变化。

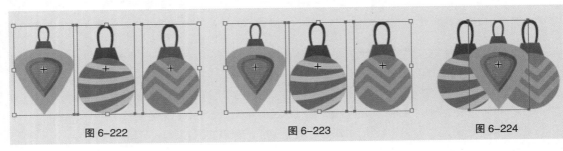

图 6-222   图 6-223   图 6-224

> 提示：使用"编组"命令还可以将几个不同的组合进行进一步组合，或在组合与对象之间进行进一步组合。在几个组之间进行组合时，原来的组合并没有消失，它与新得到的组合是嵌套关系。组合不同图层上的对象，组合后所有的对象将自动移动到最上边对象的图层中，并形成组合。

2. 取消组合

选取要取消组合的对象，如图 6-225 所示。选择"对象 > 取消编组"命令（组合键为 Shift+Ctrl+G），即可取消图像的组合。取消组合后的图像，可通过单击鼠标选取任意一个图像，如图 6-226 所示。

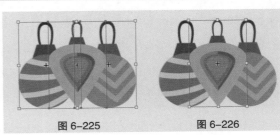

图 6-225   图 6-226

进行一次"取消编组"命令只能取消一层组合。例如，两个组合使用"编组"命令得到一个新的组合，应用"取消编组"命令取消这个新组合后，得到两个原始的组合。

6.4.3　对齐对象

选择"窗口 > 对齐"命令，弹出"对齐"控制面板，如图 6-227 所示。单击控制面板右上方的图标 ≡ ，在弹出的菜单中选择"显示选项"命令，弹出"分布间距"选项组，如图 6-228 所示。单击"对齐"控制面板右下方的"对齐"按钮 ▦▾ ，弹出其下拉菜单，如图 6-229 所示。

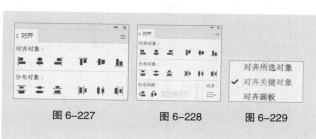

图 6-227　　　图 6-228　　　图 6-229

"对齐"控制面板中的"对齐对象"选项组中包括 6 种对齐命令按钮："水平左对齐"按钮 ▙ 、"水平居中对齐"按钮 ▟ 、"水平右对齐"按钮 ▟ 、"垂直顶对齐"按钮 ▛ 、"垂直居中对齐"按钮 ▟ 、"垂直底对齐"按钮 ▙ 。

1. 水平左对齐

以最左边对象的左边线为基准线，被选中对象的左边缘都和这条线对齐（最左边对象的位置不变）。

选取要对齐的对象，如图 6-230 所示。单击"对齐"控制面板中的"水平左对齐"按钮 ▙ ，所有选取的对象都将向左对齐，效果如图 6-231 所示。

2. 水平居中对齐

以选定对象的中点为基准点对齐，所有对象在垂直方向的位置保持不变（多个对象进行水平居中对齐时，以中间对象的中点为基准点进行对齐，中间对象的位置不变）。

选取要对齐的对象，如图 6-232 所示。单击"对齐"控制面板中的"水平居中对齐"按钮 ▟ ，所有选取的对象都将水平居中对齐，效果如图 6-233 所示。

3. 水平右对齐

以最右边对象的右边线为基准线，被选中对象的右边缘都和这条线对齐（最右边对象的位置不变）。

选取要对齐的对象，如图 6-234 所示。单击"对齐"控制面板中的"水平右对齐"按钮 ▟ ，所有选取的对象都将水平向右对齐，效果如图 6-235 所示。

4. 垂直顶对齐

以多个要对齐对象中最上面对象的上边线为基准线，选定对象的上边线都和这条线对齐（最上面对象的位置不变）。

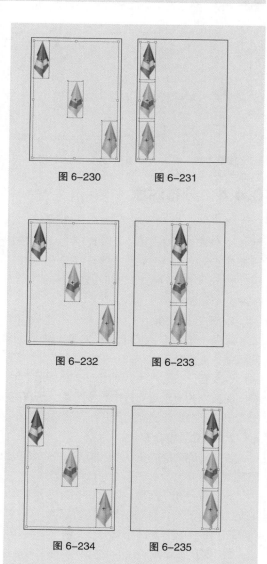

图 6-230　　　图 6-231

图 6-232　　　图 6-233

图 6-234　　　图 6-235

选取要对齐的对象，如图 6-236 所示。单击"对齐"控制面板中的"垂直顶对齐"按钮▔，所有选取的对象都将向上对齐，效果如图 6-237 所示。

5. 垂直居中对齐

以多个要对齐对象的中点为基准点进行对齐，所有对象进行垂直移动，水平方向上的位置不变（多个对象进行垂直居中对齐时，以中间对象的中点为基准点进行对齐，中间对象的位置不变）。

选取要对齐的对象，如图 6-238 所示。单击"对齐"控制面板中的"垂直居中对齐"按钮▬，所有选取的对象都将垂直居中对齐，效果如图 6-239 所示。

6. 垂直底对齐

以多个要对齐对象中最下面对象的下边线为基准线，选定对象的下边线都和这条线对齐（最下面对象的位置不变）。

选取要对齐的对象，如图 6-240 所示。单击"对齐"控制面板中的"垂直底对齐"按钮▙，所有选取的对象都将垂直向底对齐，效果如图 6-241 所示。

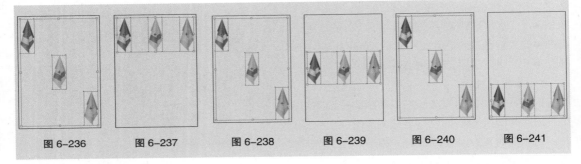

图 6-236　　　图 6-237　　　图 6-238　　　图 6-239　　　图 6-240　　　图 6-241

6.4.4　分布对象

"对齐"控制面板中的"分布对象"选项组中包括 6 个分布命令按钮："垂直顶分布"按钮▤、"垂直居中分布"按钮▤、"垂直底分布"按钮▤、"水平左分布"按钮▥、"水平居中分布"按钮▥、"水平右分布"按钮▥。

1. 垂直顶分布

以每个选取对象的上边线为基准线，使对象按相等的间距垂直分布。

选取要分布的对象，如图 6-242 所示。单击"对齐"控制面板中的"垂直顶分布"按钮▤，所有选取的对象将按各自的上边线等距离垂直分布，效果如图 6-243 所示。

2. 垂直居中分布

以每个选取对象的中线为基准线，使对象按相等的间距垂直分布。

选取要分布的对象，如图 6-244 所示。单击"对齐"控制面板中的"垂直居中分布"按钮▤，所有选取的对象将按各自的中线等距离垂直分布，效果如图 6-245 所示。

3. 垂直底分布

以每个选取对象的下边线为基准线，使对象按相等

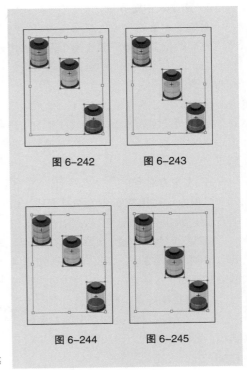

图 6-242　　　图 6-243

图 6-244　　　图 6-245

的间距垂直分布。

选取要分布的对象，如图 6-246 所示。单击"对齐"控制面板中的"垂直底分布"按钮 ，所有选取的对象将按各自的下边线等距离垂直分布，效果如图 6-247 所示。

4. 水平左分布

以每个选取对象的左边线为基准线，使对象按相等的间距水平分布。

选取要分布的对象，如图 6-248 所示。单击"对齐"控制面板中的"水平左分布"按钮 ，所有选取的对象将按各自的左边线等距离水平分布，效果如图 6-249 所示。

5. 水平居中分布

以每个选取对象的中线为基准线，使对象按相等的间距水平分布。

选取要分布的对象，如图 6-250 所示。单击"对齐"控制面板中的"水平居中分布"按钮 ，所有选取的对象将按各自的中线等距离水平分布，效果如图 6-251 所示。

6. 水平右分布

以每个选取对象的右边线为基准线，使对象按相等的间距水平分布。

选取要分布的对象，如图 6-252 所示。单击"对齐"控制面板中的"水平右分布"按钮 ，所有选取的对象将按各自的右边线等距离水平分布，效果如图 6-253 所示。

7. 垂直分布间距

要精确指定对象间的距离，需选择"对齐"控制面板中的"分布间距"选项组，其中包括"垂直分布间距"按钮 和"水平分布间距"按钮 。

选取要对齐的多个对象，如图 6-254 所示。再单击被选取对象中的任意一个对象，该对象将作为其他对象进行分布时的参照，如图 6-255 所示。在"对齐"控制面板下方的数值框中将距离数值设为 10mm，如图 6-256 所示。

单击"对齐"控制面板中的"垂直分布间距"按钮 。所有被选取的对象将以绿色电池图像为基准，按设置的数值等距离垂直分布，效果如图 6-257 所示。

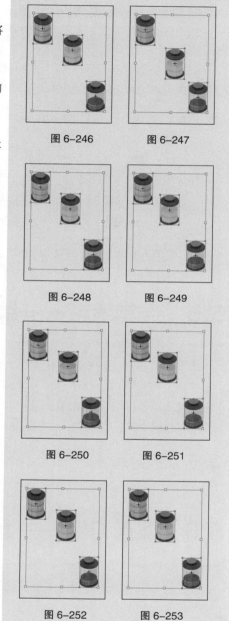

图 6-246　　　　图 6-247

图 6-248　　　　图 6-249

图 6-250　　　　图 6-251

图 6-252　　　　图 6-253

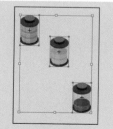

图 6-254

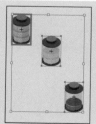

图 6-255

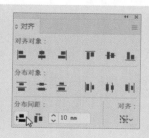

图 6-256

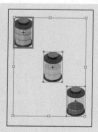

图 6-257

8.　水平分布间距

选取要对齐的对象，如图 6-258 所示。再单击被选取对象中的任意一个对象，该对象将作为其他对象进行分布时的参照，如图 6-259 所示。在"对齐"控制面板下方的数值框中将距离数值设为 3mm，如图 6-260 所示。

单击"对齐"控制面板中的"水平分布间距"按钮 ，所有被选取的对象将以黄色电池图像作为参照，按设置的数值等距离水平分布，效果如图 6-261 所示。

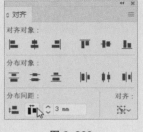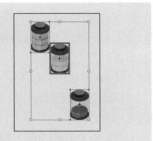

图 6-258　　　　　图 6-259　　　　　图 6-260　　　　　图 6-261

6.5　课堂练习——绘制卡通形象

【练习知识要点】使用钢笔工具、矩形工具和"剪切蒙版"命令绘制身体部分；使用铅笔工具、"6d 艺术钢笔画笔"命令和椭圆工具绘制手臂。效果如图 6-262 所示。

【效果所在位置】云盘 /Ch06/ 效果 / 绘制卡通形象 .ai。

扫码观看
本案例视频

图 6-262

6.6　课后习题——制作母婴代金券

【习题知识要点】使用文字工具、"字符"控制面板添加标题文字；使用"符号"控制面板添加符号图形；使用"不透明度"选项改变符号图形的透明度。效果如图 6-263 所示。

【效果所在位置】云盘 /Ch06/ 效果 / 制作母婴代金券 .ai。

扫码观看
本案例视频

图 6-263

第 7 章

图表

07

▶ 本章介绍

  Illustrator CC 2019 不仅具有强大的绘图功能，而且还具有强大的图表处理功能。本章将系统地介绍 Illustrator CC 2019 中提供的 9 种基本图表形式。通过学习使用图表工具，读者可以创建出各种不同类型的表格，以更好地表现复杂的数据。另外，自定义图表各部分的颜色，以及将创建的图案应用到图表中，能更加生动地表现数据内容。

知识目标

- 掌握图表的创建方法。
- 掌握不同图表之间的转换技巧。
- 掌握图表的属性设置。
- 掌握自定义图表图案的方法。

图表

技能目标

- 掌握"招聘求职领域月活跃人数图表"的制作方法。
- 掌握"娱乐直播统计图表"的制作方法。

7.1 创建图表

Illustrator CC 2019 提供了 9 种不同的图表工具，利用这些工具可以创建不同类型的图表。

7.1.1 课堂案例——制作招聘求职领域月活跃人数图表

【案例学习目标】学习使用图表绘制工具、"图表类型"对话框制作招聘求职领域月活跃人数图表。

【案例知识要点】使用矩形工具、椭圆工具、"剪切蒙版"命令制作图表底图；使用柱形图工具、"图表类型"对话框和文字工具制作柱形图；使用文字工具、"字符"控制面板添加文字信息。招聘求职领域月活跃人数图表效果如图 7-1 所示。

【效果所在位置】云盘 /Ch07/ 效果 / 制作招聘求职领域月活跃人数图表 .ai。

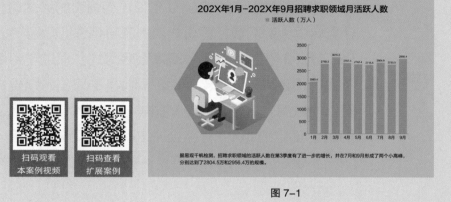

图 7-1

（1）按 Ctrl+N 组合键，弹出"新建文档"对话框，设置文档的宽度为 254mm，高度为 190.5mm，取向为横向，颜色模式为 RGB，单击"创建"按钮，新建一个文档。

（2）选择"矩形"工具 ▢，绘制一个与页面大小相等的矩形，设置填充色为浅蓝色（115、224、229），填充图形，并设置描边色为无，效果如图 7-2 所示。

（3）选择"多边形"工具 ◉，在页面中单击鼠标左键，弹出"多边形"对话框，选项的设置如图 7-3 所示。单击"确定"按钮，出现一个多边形。选择"选择"工具 ▶，拖曳多边形到适当的位置，设置填充色为深蓝色（40、175、198），填充图形，并设置描边色为无，效果如图 7-4 所示。

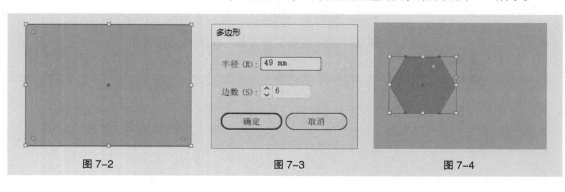

图 7-2   图 7-3   图 7-4

（4）按 Ctrl+O 组合键，打开云盘中的"Ch07 > 素材 > 制作招聘求职领域月活跃人数图表 > 01"文件。选择"选择"工具 ▶，选取需要的图形，按 Ctrl+C 组合键，复制图形。选择正在编辑的页面，按 Ctrl+V 组合键，将其粘贴到页面中，并拖曳复制的图形到适当的位置，效果如图 7-5 所示。

（5）选择"文字"工具 **T**，在页面中分别输入需要的文字。选择"选择"工具 ▶，在属性栏中选择合适的字体并设置文字大小，效果如图 7-6 所示。

（6）选择"矩形"工具 □，在适当的位置绘制一个矩形，设置填充色为深蓝色（40、175、198），填充图形，并设置描边色为无，效果如图 7-7 所示。

图 7-5　　　　　　　　图 7-6　　　　　　　　图 7-7

（7）选择"柱形图"工具 **ili**，在页面中单击鼠标，弹出"图表"对话框，设置如图 7-8 所示。单击"确定"按钮，弹出"图表数据"对话框。单击"导入数据"按钮 **🖳**，弹出"导入图表数据"对话框。选择云盘中的"Ch07 > 素材 > 制作招聘求职领域月活跃人数图表 > 数据信息"文件，单击"打开"按钮，导入需要的数据，效果如图 7-9 所示。

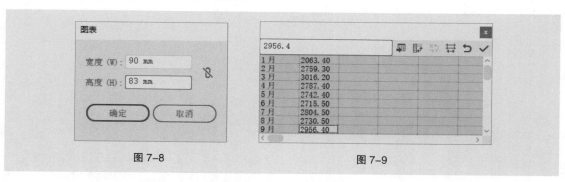

图 7-8　　　　　　　　　　　　　　图 7-9

（8）导入完成后，单击"应用"按钮 **✓**，再关闭"图表数据"对话框，建立柱形图表，效果如图 7-10 所示。双击"柱形图"工具 **ili**，弹出"图表类型"对话框，设置如图 7-11 所示。单击"确定"按钮，效果如图 7-12 所示。

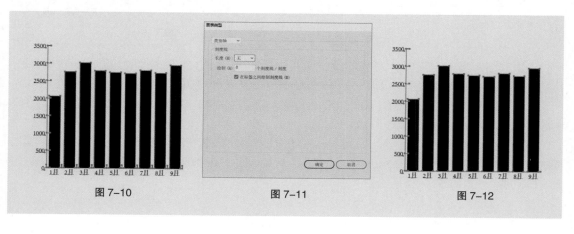

图 7-10　　　　　　　　图 7-11　　　　　　　　图 7-12

（9）选择"选择"工具▶，在属性栏中选择合适的字体并设置文字大小，效果如图 7-13 所示。选择"编组选择"工具▶⁺，按住 Shift 键的同时，依次单击选取需要的矩形，设置填充色为深蓝色（40、175、198），填充图形，并设置描边色为无，效果如图 7-14 所示。

（10）使用"编组选择"工具▶⁺，按住 Shift 键的同时，依次单击选取需要的刻度线，设置描边色为灰色（125、125、125），填充描边，效果如图 7-15 所示。

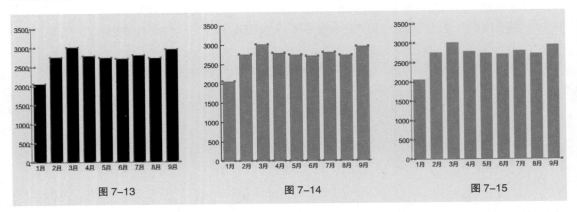

图 7-13　　　　图 7-14　　　　图 7-15

（11）使用"编组选择"工具▶⁺，选取下方的类别轴线，按 Shift+Ctrl+] 组合键，将其置于顶层，效果如图 7-16 所示。

（12）选择"文字"工具 T，在适当的位置分别输入需要的文字。选择"选择"工具▶，在属性栏中选择合适的字体并设置文字大小，效果如图 7-17 所示。

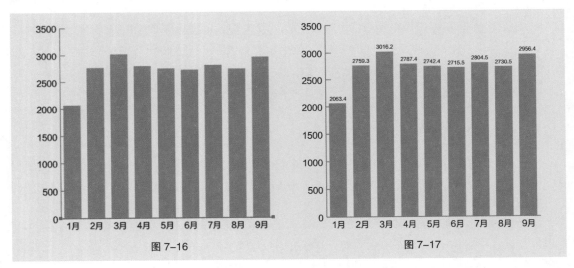

图 7-16　　　　　　　　图 7-17

（13）选择"选择"工具▶，用框选的方法将柱形图和输入的文字同时选取。按 Ctrl+G 组合键，将其编组，并拖曳编组图表到页面中适当的位置，效果如图 7-18 所示。

（14）选择"文字"工具 T，在适当的位置输入需要的文字。选择"选择"工具▶，在属性栏中选择合适的字体并设置文字大小，效果如图 7-19 所示。

（15）按 Ctrl+T 组合键，弹出"字符"控制面板。将"设置行距"选项▲设为 18 pt，其他选项的设置如图 7-20 所示。按 Enter 键确定操作，效果如图 7-21 所示。招聘求职领域月活跃人数图表制作完成，效果如图 7-22 所示。

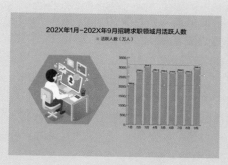

图 7-18

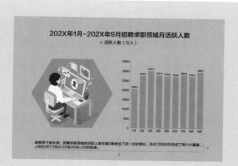

图 7-19

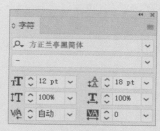

图 7-20

图 7-21

图 7-22

7.1.2　图表工具

单击工具箱中的"柱形图"工具 📊 并按住鼠标左键不放，将弹出图表工具组。工具组中包含的图表工具依次为柱形图工具 📊、堆积柱形图工具 📊、条形图工具 📊、堆积条形图工具 📊、折线图工具 📈、面积图工具 📉、散点图工具 📊、饼图工具 🥧、雷达图工具 🎯，如图 7-23 所示。

图 7-23

7.1.3　柱形图

柱形图是较为常用的一种图表类型，它使用一些竖排的、高度可变的矩形柱来表示各种数据，矩形的高度与数据大小成正比。创建柱形图的具体步骤如下。

选择"柱形图"工具 📊，在页面中拖曳鼠标绘制出一个矩形区域来设置图表大小，或在页面上任意位置单击鼠标，将弹出"图表"对话框，如图 7-24 所示。在"宽度"项和"高度"项的数值框中输入图表的宽度和高度数值。设定完成后，单击"确定"按钮，程序将自动在页面中建立图表，如图 7-25 所示，同时弹出"图表数据"对话框，如图 7-26 所示。

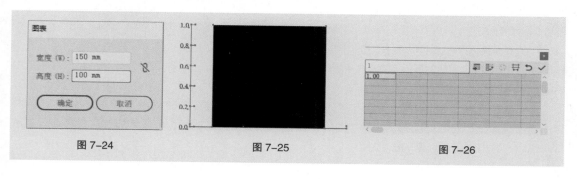

图 7-24　　　　　　　　图 7-25　　　　　　　　图 7-26

在"图表数据"对话框左上方的文本框中可以直接输入各种文本或数值，然后按 Tab 键或 Enter 键确认，文本或数值将会自动添加到"图表数据"对话框的单元格中。用鼠标单击可以选取各个单元格，输入要更改的文本或数据值后，再按 Enter 键确认。

在"图表数据"对话框右上方有一组按钮。单击"导入数据"按钮 ，可以从外部文件中输入数据信息。单击"换位行 / 列"按钮 ，可将横排和竖排的数据相互交换位置。单击"切换 X/Y 轴"按钮 ，将调换 x 轴和 y 轴的位置。单击"单元格样式"按钮 ，将弹出"单元格样式"对话框，可以设置单元格的样式。单击"恢复"按钮 ，在没有单击应用按钮以前可使文本框中的数据恢复到前一个状态。单击"应用"按钮 ，将确认输入的数值并生成图表。

单击"单元格样式"按钮 ，将弹出"单元格样式"对话框，如图 7-27 所示。在该对话框中可以设置小数点的位置和数字栏的宽度。可以在"小数位数"和"列宽度"项的数值框中输入所需要的数值。另外，将鼠标指针放置在各单元格相交处时，指针将会变成两条竖线和双向箭头的形状 ，这时拖曳鼠标可调整数字栏的宽度。

双击"柱形图"工具 ，将弹出"图表类型"对话框，如图 7-28 所示。柱形图表是默认的图表，其他参数也是采用默认设置。单击"确定"按钮。

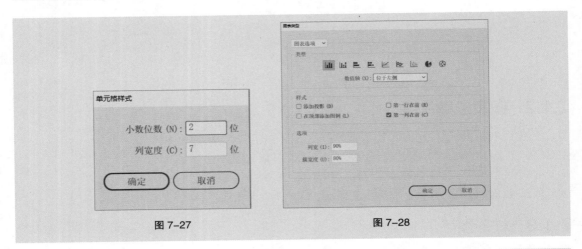

图 7-27   图 7-28

在"图表数据"对话框的文本表格的第 1 格中单击，删除默认数值 1。按照文本表格的组织方式输入数据。如用来比较 3 个人 3 门学科分数情况，如图 7-29 所示。

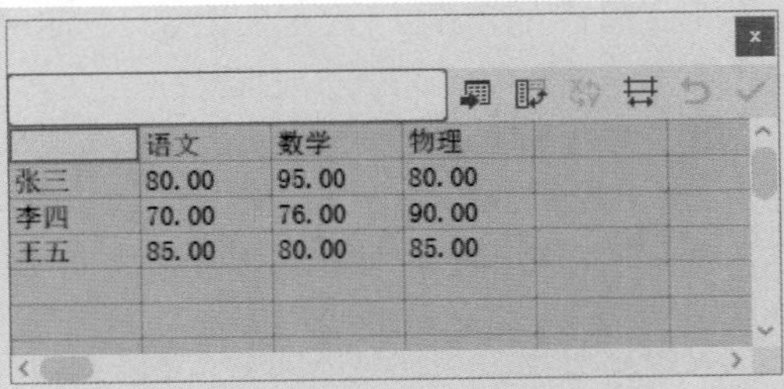

单击"应用"按钮 ，生成图表，所输入的数据被应用到图表上，柱形图效果如图 7-30 所示。从图中可以看到，柱形图是对每一行中的数据进行比较。

图 7-29

在"图表数据"对话框中单击"换位行 / 列"按钮 ，将互换行、列数据，得到新的柱形图，效果如图 7-31 所示。在"图表数据"对话框中单击关闭按钮 可将对话框关闭。

当需要对柱形图中的数据进行修改时，先选取要修改的图表，选择"对象 > 图表 > 数据"命令，弹出"图表数据"对话框。在对话框中可以再修改数据。设置数据后，单击"应用"按钮 ，即可将修改后的数据应用到选定的图表中。

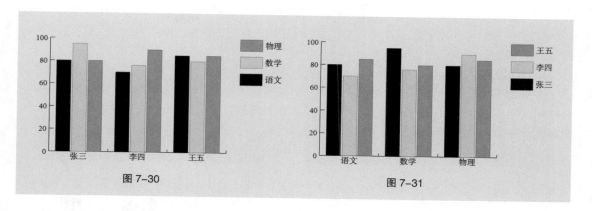

图 7-30　　　　　　　　　　　　　　图 7-31

7.1.4　其他图表效果

选取图表，用鼠标右键单击页面，在弹出的菜单中选择"类型"命令，弹出"图表类型"对话框，可以在对话框中选择其他的图表类型。

1. 堆积柱形图

堆积柱形图与柱形图类似，只是它们的显示方式不同。柱形图显示为单一的数据比较，而堆积柱形图显示的是全部数据总和的比较。因此，在进行数据总量的比较时，多用堆积柱形图来表示，效果如图 7-32 所示。

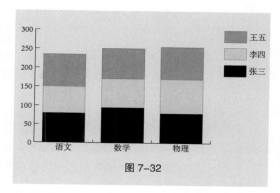

图 7-32

从图表中可以看出，堆积柱形图将每个学生的成绩总和进行比较，并且每个学生都用不同颜色的矩形来显示。

2. 条形图和堆积条形图

条形图与柱形图类似，只是柱形图是以垂直方向上的矩形显示图表中的各组数据，而条形图是以水平方向上的矩形来显示图表中的数据，效果如图 7-33 所示。

堆积条形图与堆积柱形图类似，但是堆积条形图是以水平方向的矩形条来显示数据总量的，堆积柱形图正好与之相反。堆积条形图效果如图 7-34 所示。

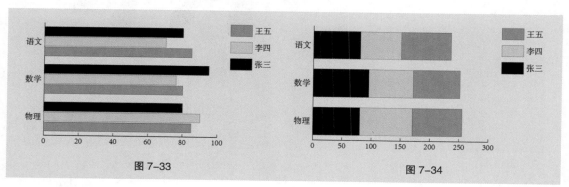

图 7-33　　　　　　　　　　　　　　图 7-34

3. 折线图

折线图可以显示出某种事物随时间变化的发展趋势，很明显地表现出数据的变化走向。折线图也是一种比较常见的图表，给人以直接明了的视觉感受。

与创建柱形图的步骤相似，选择"折线图"工具，拖曳鼠标绘出一个矩形区域，或在页面上任意位置单击鼠标，在弹出的"图表数据"对话框中输入相应的数据，最后单击"应用"按钮 ✓，即可创建折线图。折线图效果如图 7-35 所示。

4. 面积图

面积图可以用来表示一组或多组数据。通过不同的折线连接图表中所有的点，形成面积区域，并且折线内部可填充为不同的颜色。面积图表其实与折线图类似，不过是一个填充了颜色的线段图表。面积图效果如图 7-36 所示。

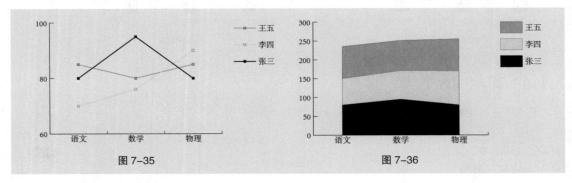

图 7-35　　　　　　　　　　　　　　　图 7-36

5. 散点图

散点图是一种比较特殊的数据图表。散点图的横坐标和纵坐标都是数据坐标，两组数据的交叉点形成了坐标点。因此，它的数据点由横坐标和纵坐标确定。图表中的数据点位置所创建的线能贯穿自身却无具体方向。散点图效果如图 7-37 所示。散点图不适合用于太复杂的内容，它只适合显示图例的说明。

6. 饼图

饼图适用于一个整体中各组成部分的比较。该类图表应用的范围比较广。饼图的数据整体显示为一个圆，每组数据按照其在整体中所占的比例，以不同颜色的扇形区域显示出来。但是它不能准确地显示出各部分的具体数值。饼图效果如图 7-38 所示。

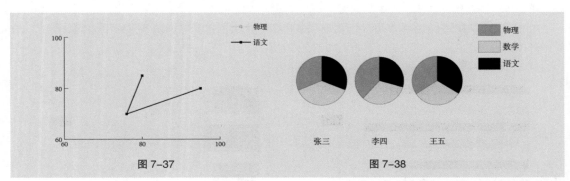

图 7-37　　　　　　　　　　　　　　　图 7-38

7. 雷达图

雷达图是一种较为特殊的图表类型，它以一种环形的形式对图表中的各组数据进行比较，形成比较明显的数据对比，适用于多项指标的全面分析。雷达图效果如图 7-39 所示。

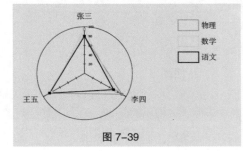

图 7-39

7.2 设置图表

在 Illustrator CC 2019 中，可以重新调整各种类型图表的选项，以及更改某一组数据，还可以解除图表组合，应用描边或填充颜色。

7.2.1 设置"图表数据"对话框

选中图表，单击鼠标右键，在弹出的菜单中选择"数据"命令，或直接选择"对象 > 图表 > 数据"命令，弹出"图表数据"对话框。在对话框中可以进行数据的修改。

1. 编辑一个单元格

选取该单元格，在文本框中输入新的数据，按 Enter 键确认并下移到另一个单元格。

2. 删除数据

选取数据单元格，删除文本框中的数据，按 Enter 键确认并下移到另一个单元格。

3. 删除多个数据

选取要删除数据的多个单元格，选择"编辑 > 清除"命令，即可删除多个数据。

7.2.2 设置"图表类型"对话框

1. 设置图表选项

选中图表，双击"图表工具"或选择"对象 > 图表 > 类型"命令，弹出"图表类型"对话框，如图 7-40 所示。在"数值轴"选项的下拉列表中包括"位于左侧""位于右侧"或"位于两侧"选项，分别用来表示图表中坐标轴的位置，可根据需要选择（对饼图来说此选项不可用）。

"样式"选项组包括 4 个选项。勾选"添加投影"复选项，可以为图表添加一种阴影效果；勾选"在顶部添加图例"复选项，可以将图表中的图例说明放到图表的顶部；勾选"第一行在前"复选项，图表中的各个柱形或其他对象将会重叠地覆盖行，并按照从左到右的顺序排列；"第一列在前"复选项是默认的放置柱形的方式，它能够从左到右依次放置柱形。

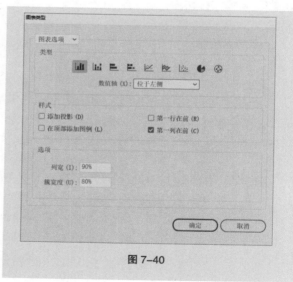

图 7-40

"选项"选项组包括"列宽"和"簇宽度"两个选项，分别用来控制图表的横栏宽和组宽。横栏宽是指图表中每个柱形条的宽度，组宽是指所有柱形所占据的可用空间。

选择折线图、散点图和雷达图时，"选项"选项组如图 7-41 所示。勾选"标记数据点"复选项，使数据点显示为正方形，否则直线段中间的数据点不显示；勾选"连接数据点"复选项，在每组数据点之间进行连线，否则只显示一个个孤立的点；勾选"线段边到边跨 X 轴"

图 7-41

复选项，将线条从图表左边和右边伸出，它对分散图表无作用；勾选"绘制填充线"复选项，将激活其下方的"线宽"选项。

选择饼图时，"选项"选项组如图7-42所示。对于饼图，"图例"选项控制图例的显示，在其下拉列表中，"无图例"选项即是不要图例；"标准图例"选项将图例放在图表的外围；"楔形图例"选项将图例插入相应的扇形中。"位置"选项控制饼图以及扇形块的摆放位置，在其下拉列表中，"比例"选项将按比例显示各个饼图的大小；"相等"选项使所有饼图的直径相等；"堆积"选项将所有的饼图叠加在一起。"排序"选项控制图表元素的排列顺序，在其下拉列表中，"全部"选项将元素信息由大到小顺时针排列；"第一个"选项将最大值元素信息放在顺时针方向的第一个，其余按输入顺序排列；"无"选项按元素的输入顺序顺时针排列。

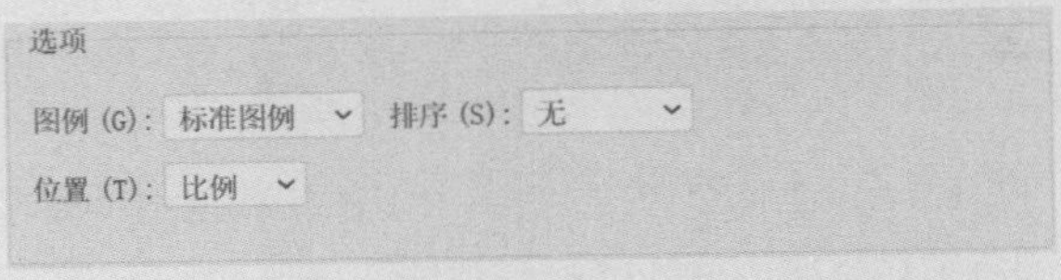

图 7-42

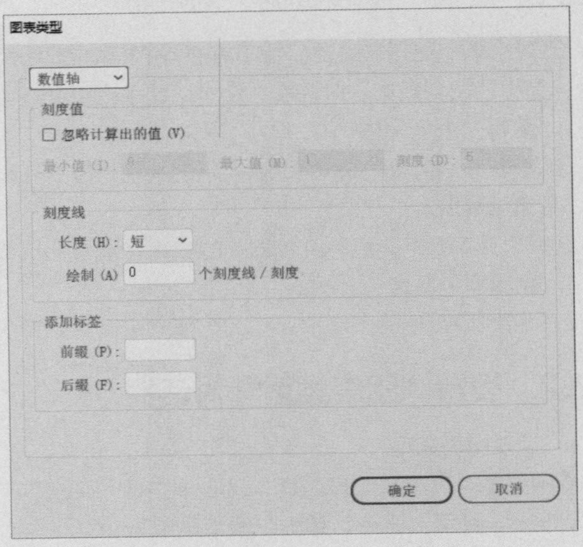

图 7-43

2. 设置数值轴

在"图表类型"对话框左上方选项的下拉列表中选择"数值轴"选项，切换到相应的对话框，如图7-43所示。

"刻度值"选项组：当勾选"忽略计算出的值"复选项时，下面的3个数值项被激活。"最小值"项的数值表示坐标轴的起始值，也就是图表原点的坐标值，它不能大于"最大值"选项的数值；"最大值"项中的数值表示的是坐标轴的最大刻度值；"刻度"项中的数值用来决定将坐标轴上下分为多少部分。

"刻度线"选项组："长度"选项的下拉列表中包括3项。选择"无"选项，表示不使用刻度标记；选择"短"选项，表示使用短的刻度标记；选择"全宽"选项，刻度线将贯穿整个图表，效果如图7-44所示。"绘制"项数值框中的数值表示每一个坐标轴间隔的区分标记。

"添加标签"选项组："前缀"文本项是指在数值前加符号，"后缀"文本项是指在数值后加符号。在"后缀"选项的文本框中输入"分"后，图表效果如图7-45所示。

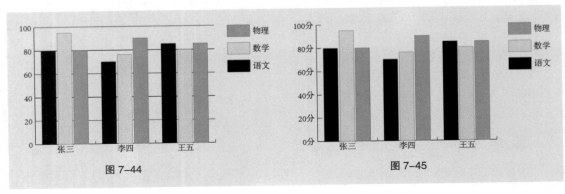

图 7-44

图 7-45

7.3 自定义图表

除了提供图表的创建和编辑这些基本的操作，Illustrator CC 2019 还支持用户对图表中的局部进行编辑和修改，并支持用户自己定义图表的图案，使图表中所表现的数据更加生动。

7.3.1 课堂案例——制作娱乐直播统计图表

【案例学习目标】学习使用条形图工具、"设计"命令和"柱形图"命令制作统计图表。

【案例知识要点】使用条形图工具建立条形图；使用"设计"命令定义图案；使用"柱形图"命令制作图案图表；使用钢笔工具、直接选择工具和编组选择工具编辑女性图案；使用文字工具、"字符"控制面板添加标题及统计信息。娱乐直播统计图表效果如图 7-46 所示。

【效果所在位置】云盘 /Ch07/ 效果 / 制作娱乐直播统计图表 .ai。

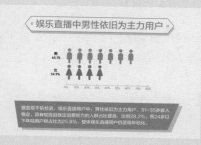

图 7-46

（1）按 Ctrl+N 组合键，弹出"新建文档"对话框，设置文档的宽度为 285mm，高度为 210mm，取向为横向，颜色模式为 CMYK，单击"创建"按钮，新建一个文档。

（2）选择"矩形"工具■，绘制一个与页面大小相等的矩形，设置填充色为米黄色（4、4、10、0），填充图形，并设置描边色为无，效果如图 7-47 所示。

（3）使用"矩形"工具■，再绘制一个矩形，设置填充色为米黄色（4、4、10、0），填充图形；设置描边色为蓝色（65、21、0、0），填充描边；在属性栏中将"描边粗细"项设置为 2 pt。按 Enter 键确定操作，效果如图 7-48 所示。

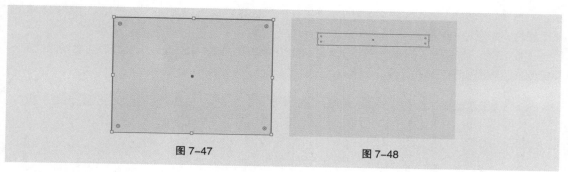

图 7-47   图 7-48

（4）选择"添加锚点"工具，分别在矩形左右中间的位置单击鼠标左键，添加 2 个锚点，如图 7-49 所示。选择"直接选择"工具，选取右边添加的锚点，并向右拖曳锚点到适当的位置，效果如图 7-50 所示。用相同的方法调整左边添加的锚点，效果如图 7-51 所示。

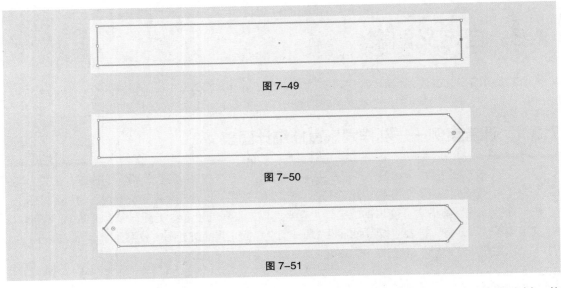

图 7-49

图 7-50

图 7-51

（5）选择"选择"工具 ▶，选取图形。按 Ctrl+C 组合键，复制图形，按 Ctrl+B 组合键，将复制的图形粘贴在后面。按→和↓方向键，微调复制的图形到适当的位置，效果如图 7-52 所示。设置填充色为浅蓝色（45、0、4、0），填充图形，效果如图 7-53 所示。

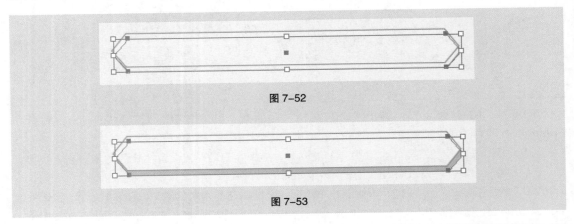

图 7-52

图 7-53

（6）选择"椭圆"工具 ◯，按住 Shift 键的同时，在适当的位置绘制一个圆形，效果如图 7-54 所示。选择"吸管"工具 ✐，将吸管图标✐放置在下方的矩形上，如图 7-55 所示。单击鼠标左键吸取属性，如图 7-56 所示。

（7）选择"选择"工具 ▶，按住 Alt+Shift 组合键的同时，水平向右拖曳圆形到适当的位置，复制圆形，效果如图 7-57 所示。

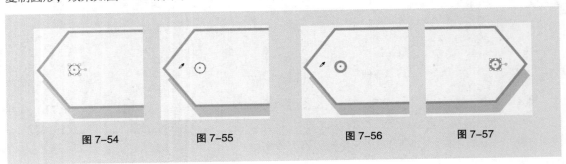

图 7-54　　　　图 7-55　　　　图 7-56　　　　图 7-57

（8）选择"文字"工具 **T**，在页面中输入需要的文字。选择"选择"工具 **▶**，在属性栏中选择合适的字体并设置文字大小，效果如图 7-58 所示。设置填充色为蓝色（65、21、0、0），填充文字，效果如图 7-59 所示。

图 7-58　　　　　　　　　　　　　　　图 7-59

（9）选择"条形图"工具 **▤**，在页面中单击鼠标，弹出"图表"对话框，设置如图 7-60 所示。单击"确定"按钮，弹出"图表数据"对话框，输入需要的数据，如图 7-61 所示。输入完成后，单击"应用"按钮 **✓**，关闭"图表数据"对话框，建立条形图，并将其拖曳到页面中适当的位置，效果如图 7-62 所示。

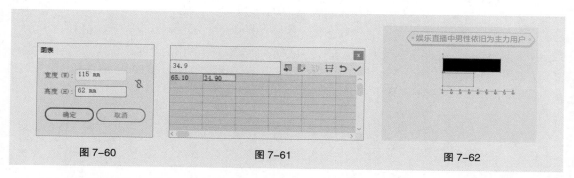

图 7-60　　　　　　　　　图 7-61　　　　　　　　　图 7-62

（10）选择"对象 > 图表 > 类型"命令，弹出"图表类型"对话框，选项的设置如图 7-63 所示。单击"图表选项"选项右侧的按钮 **✓**，在弹出的下拉列表中选择"数值轴"，切换到相应的对话框进行设置，如图 7-64 所示。单击"数值轴"选项右侧的按钮 **✓**，在弹出的下拉列表中选择"类别轴"，切换到相应的对话框进行设置，如图 7-65 所示。设置完成后，单击"确定"按钮，效果如图 7-66 所示。

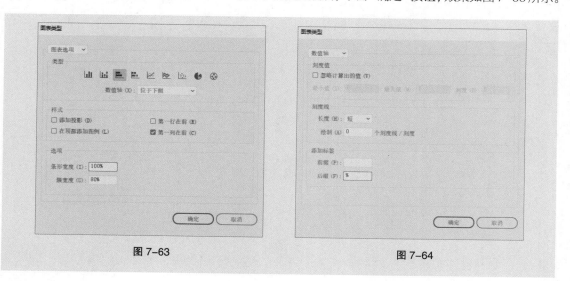

图 7-63　　　　　　　　　　　　　　　图 7-64

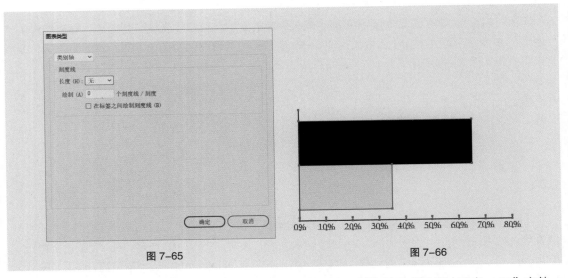

图 7-65　　　　　　　　　　　　　　　　　　　　　　图 7-66

（11）按 Ctrl+O 组合键，打开云盘中的"Ch07 > 素材 > 制作娱乐直播统计图表 > 01"文件。选择"选择"工具 ▶，选取需要的图形，如图 7-67 所示。

（12）选择"对象 > 图表 > 设计"命令，弹出"图表设计"对话框，单击"新建设计"按钮，显示所选图形的预览，如图 7-68 所示。单击"重命名"按钮，在弹出的"图表设计"对话框中输入名称，如图 7-69 所示。单击"确定"按钮，返回到"图表设计"对话框，如图 7-70 所示。单击"确定"按钮，完成图表图案的定义。

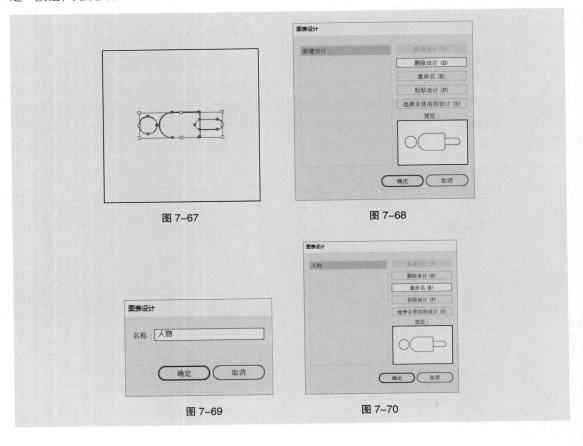

图 7-67　　　　　　　　　　　　　　图 7-68

图 7-69　　　　　　　　　　　　　　图 7-70

（13）返回到正在编辑的页面，选取图表，选择"对象 > 图表 > 柱形图"命令，弹出"图表列"对话框。选择新定义的图案名称，其他选项的设置如图7-71所示。单击"确定"按钮，效果如图7-72所示。

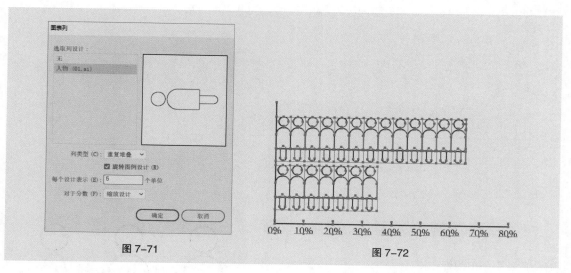

图 7-71   图 7-72

（14）选择"编组选择"工具，按住 Shift 键的同时，依次单击选取需要的图形，如图 7-73所示。按 Delete 键将其删除，效果如图 7-74 所示。

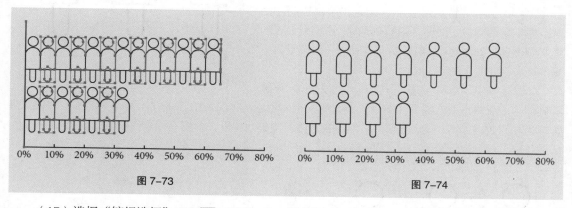

图 7-73   图 7-74

（15）选择"编组选择"工具，按住 Shift 键的同时，依次单击选取需要的图形，如图 7-75所示。设置填充色为蓝色（65、21、0、0），填充图形，并设置描边色为无，效果如图 7-76 所示。

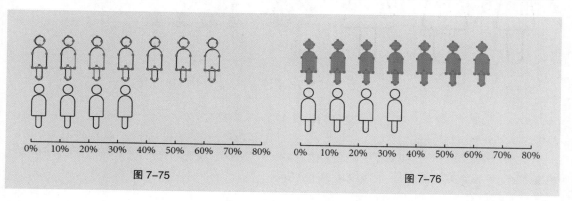

图 7-75   图 7-76

（16）选择"编组选择"工具 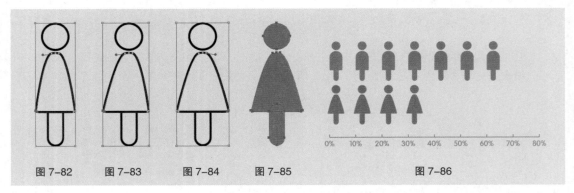，用框选的方法将刻度线同时选取，设置描边色为灰色（0、0、0、60），填充描边，效果如图 7-77 所示。

（17）选择"编组选择"工具，用框选的方法将下方数值同时选取，在属性栏中选择合适的字体并设置文字大小，设置填充色为灰色（0、0、0、60），填充文字，效果如图 7-78 所示。

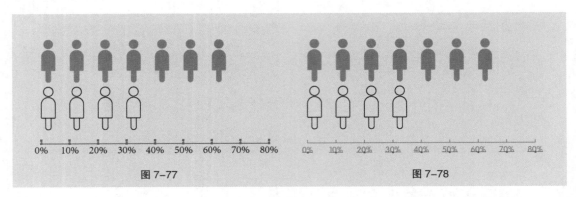

图 7-77　　　　　　　　　　　　　　　　图 7-78

（18）选择"直接选择"工具，选取需要的路径，如图 7-79 所示。选择"钢笔"工具，在路径上适当的位置分别单击鼠标左键，添加 2 个锚点，如图 7-80所示。在不需要的锚点上分别单击鼠标左键，删除锚点，如图 7-81 所示。

（19）选择"直接选择"工具，用框选的方法选取左下角的锚点，如图 7-82 所示，向左拖曳锚点到适当的位置，如图 7-83 所示。用相同的方法调整右下角的锚点，如图 7-84 所示。

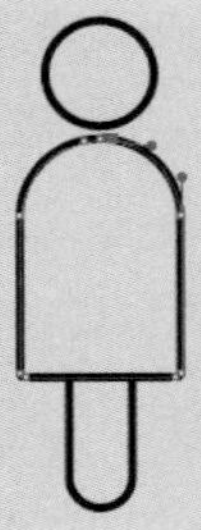

图 7-79　　　图 7-80　　　图 7-81

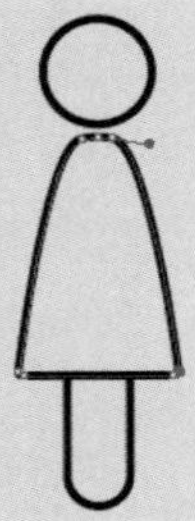

（20）选择"编组选择"工具，按住 Shift 键的同时，依次单击选取需要的图形。设置填充色为粉红色（0、75、36、0），填充图形，并设置描边色为无，效果如图 7-85 所示。用相同的方法调整其他图形，并填充相应的颜色，效果如图 7-86所示。

图 7-82　　　图 7-83　　　图 7-84　　　图 7-85　　　　　图 7-86

（21）选择"文字"工具，在适当的位置分别输入需要的文字。选择"选择"工具，在属性栏中选择合适的字体并设置文字大小。单击"居中对齐"按钮，将文字居中对齐，效果如图 7-87 所示。

（22）选择"矩形"工具，在适当的位置绘制一个矩形，设置填充色为蓝色（65、21、0、0），填充图形，并设置描边色为无，效果如图 7-88 所示。

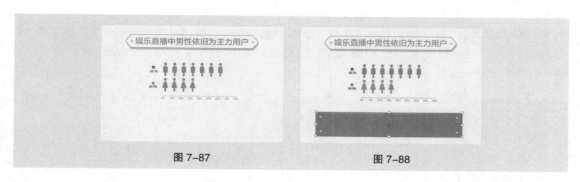

图 7-87   图 7-88

（23）选择"直接选择"工具 ▷，选取左下角的锚点，向右拖曳锚点到适当的位置，效果如图 7-89 所示。用相同的方法调整右下角的锚点，效果如图 7-90 所示。

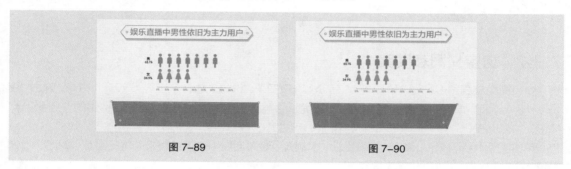

图 7-89   图 7-90

（24）选择"选择"工具 ▶，选取图形。按 Ctrl+C 组合键，复制图形，按 Ctrl+B 组合键，将复制的图形粘贴在后面。按→和↓方向键，微调复制的图形到适当的位置，效果如图 7-91 所示。设置填充色为浅蓝色（45、0、4、0），填充图形，效果如图 7-92 所示。

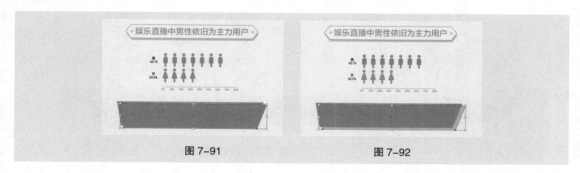

图 7-91   图 7-92

（25）选择"文字"工具 T，在适当的位置输入需要的文字。选择"选择"工具 ▶，在属性栏中选择合适的字体并设置文字大小，效果如图 7-93 所示。设置填充色为米黄色（4、4、10、0），填充文字，效果如图 7-94 所示。

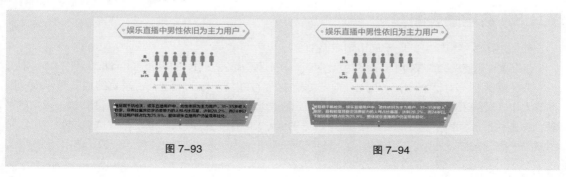

图 7-93   图 7-94

（26）按 Ctrl+T 组合键，弹出"字符"控制面板，将"设置行距"选项 ⬛ 设为 27 pt，其他选项的设置如图 7-95 所示。按 Enter 键确定操作，效果如图 7-96 所示。娱乐直播统计图表制作完成，效果如图 7-97 所示。

| 图 7-95 | 图 7-96 | 图 7-97 |

7.3.2　自定义图表图案

在页面中绘制图形，效果如图 7-98 所示。选取图形，选择"对象 > 图表 > 设计"命令，弹出"图表设计"对话框。单击"新建设计"按钮，在预览框中将会显示所绘制的图形，对话框中的"删除设计"按钮、"粘贴设计"按钮和"选择未使用的设计"按钮也被激活，如图 7-99 所示。

单击"重命名"按钮，弹出"图表设计"对话框，在对话框中输入自定义图案的名称，如图 7-100 所示。单击"确定"按钮，完成命名。

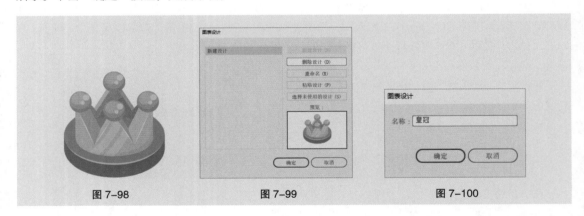

| 图 7-98 | 图 7-99 | 图 7-100 |

在"图表设计"对话框中单击"粘贴设计"按钮，可以将图案粘贴到页面中，对图案可以重新进行修改和编辑。编辑修改后的图案，还可以再将其重新定义。在对话框中编辑完成后，单击"确定"按钮，完成对一个图表图案的定义。

7.3.3　应用图表图案

我们还可以将自定义的图案应用到图表中。

选择要应用图案的图表，再选择"对象 > 图表 > 柱形图"命令，弹出"图表列"对话框，如图 7-101 所示。

在"图表列"对话框中，"列类型"选项包括 4 种缩放图案的类型："垂直缩放"表示根据数据的大小，对图表的自定义图案进行垂直方向上的放大与缩小，水平方向上保持不变；"一致缩放"表示图表将按照图案的比例并结合图表中数据的大小对图案进行放大和缩小；"重复堆叠"可以把图案的一部分拉伸或压缩。"重复堆叠"选项要和"每个设计表示"项、"对于分数"选项结合使用。

"每个设计表示"数值项表示每个图案代表几个单位，如果在数值框中输入 50，表示 1 个图案就代表 50 个单位。在"对于分数"选项的下拉列表中，"截断设计"选项表示不足一个图案时由图案的一部分来表示；"缩放设计"选项表示不足一个图案时，通过对最后那个图案成比例地压缩来表示。

设置完成后，单击"确定"按钮，将自定义的图案应用到图表中，效果如图 7-102 所示。

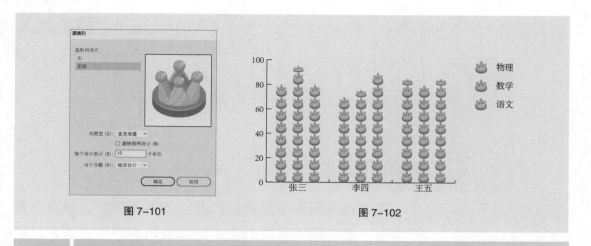

图 7-101　　　　　　　　　　　　　　　图 7-102

7.4　课堂练习——制作用户年龄分布图表

【练习知识要点】使用文字工具、"字符"控制面板添加标题及介绍文字；使用矩形工具、"变换"控制面板和直排文字工具制作分布模块；使用饼图工具建立饼图。效果如图 7-103 所示。

【效果所在位置】云盘 /Ch07/ 效果 / 制作用户年龄分布图表 .ai。

图 7-103

7.5　课后习题——制作旅行主题偏好图表

【习题知识要点】使用矩形工具、直线段工具、文字工具和倾斜工具制作标题文字；使用条形图工具建立条形图；使用编组选择工具、填充工具更改图表颜色。效果如图 7-104 所示。

【效果所在位置】云盘 /Ch07/ 效果 / 制作旅行主题偏好图表 .ai。

图 7-104

第 8 章

特效

▶ **本章介绍**

　　本章将主要讲解混合、封套和效果等特效。通过本章的学习，读者可以掌握混合和封套效果的使用方法，以及如何应用 Illustrator 及 Photoshop 中强大的效果组特效，并把变化丰富的图形图像效果运用到实际设计制作中。

知识目标

● 掌握混合效果的创建方法。

● 掌握封套变形命令的使用技巧。

● 掌握 Illustrator 效果的应用方法。

● 掌握 Photoshop 效果的应用方法。

技能目标

● 掌握"设计作品展海报"的制作方法。

● 掌握"音乐节海报"的制作方法。

● 掌握"矛盾空间效果 Logo"的制作方法。

● 掌握"发光文字效果"的制作方法。

特效

8.1 混合效果的使用

使用"混合"命令可以创建一系列处于自由形状之间的路径，也就是一系列样式递变的过渡图形。该命令可以在两个或两个以上的图形对象之间使用。

8.1.1 课堂案例——制作设计作品展海报

【案例学习目标】学习使用混合工具、"扩展"命令制作文字的立体化效果。

【案例知识要点】使用文字工具添加文字；使用混合工具和"扩展"命令制作立体化文字效果。设计作品展海报的效果如图 8-1 所示。

【效果所在位置】云盘 /Ch08/ 效果 / 制作设计作品展海报 .ai。

图 8-1

（1）按 Ctrl+N 组合键，弹出"新建文档"对话框，设置文档的宽度为 1080 px，高度为 1440 px，取向为竖向，颜色模式为 RGB，单击"创建"按钮，新建一个文档。

（2）选择"矩形"工具▢，绘制一个与页面大小相等的矩形，如图 8-2 所示。设置填充色为粉色（244、201、198），填充图形，并设置描边色为无，效果如图 8-3 所示。按 Ctrl+2 组合键，锁定所选对象。

（3）选择"文字"工具T，在页面中输入需要的文字。选择"选择"工具▶，在属性栏中选择合适的字体并设置文字大小，效果如图 8-4 所示。

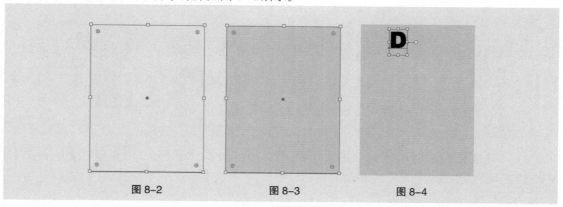

图 8-2   图 8-3   图 8-4

（4）保持文字选取状态。设置填充色为肤色（236、193、188），填充文字，并设置描边色为红色（230、0、18），填充文字描边，效果如图 8-5 所示。

（5）在属性栏中将"描边粗细"项设置为 5 pt，按 Enter 键确定操作，效果如图 8-6 所示。按 Shift+Ctrl+O 组合键，将文字转换为轮廓，效果如图 8-7 所示。

（6）选择"选择"工具▶，按住 Alt 键的同时，向左下角拖曳文字到适当的位置，复制文字，效果如图 8-8 所示。按 Shift 键的同时，拖曳右上角的控制手柄，等比例缩小文字，如图 8-9 所示。

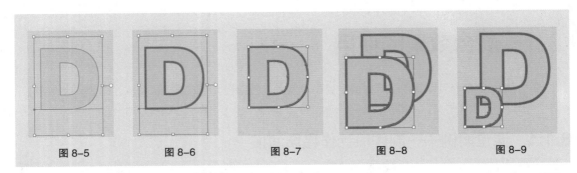

图 8-5　　　　　　图 8-6　　　　　　图 8-7　　　　　　图 8-8　　　　　　图 8-9

（7）用相同的方法复制其他文字并调整其大小，效果如图 8-10 所示。选择"混合"工具 ⬛，在第 1 个文字"D"上单击鼠标，如图 8-11 所示，设置为起始图形。用鼠标单击第 2 个文字"D"，生成混合，如图 8-12 所示。

（8）继续在第 3 个文字"D"上单击鼠标，生成混合，如图 8-13 所示。在第 4 个文字"D"上单击鼠标，生成混合，如图 8-14 所示。

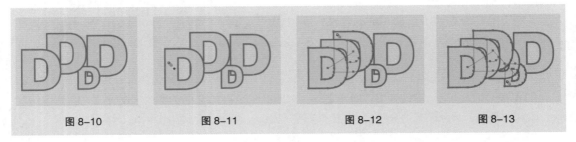

图 8-10　　　　　　图 8-11　　　　　　图 8-12　　　　　　图 8-13

（9）双击"混合"工具 ⬛，弹出"混合选项"对话框，选项的设置如图 8-15 所示。单击"确定"按钮，效果如图 8-16 所示。

（10）选择"选择"工具 ▶，选取混合图形，选择"对象 > 混合 > 扩展"命令，打散混合图形，如图 8-17 所示。按 Shift+Ctrl+G 组合键，取消图形编组。

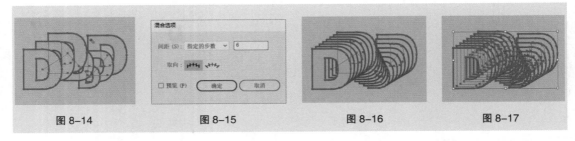

图 8-14　　　　　　图 8-15　　　　　　图 8-16　　　　　　图 8-17

（11）选取第 1 个文字"D"，如图 8-18 所示。按 Shift+X 组合键，互换填色和描边，效果如图 8-19 所示。设置描边色为无，效果如图 8-20 所示。

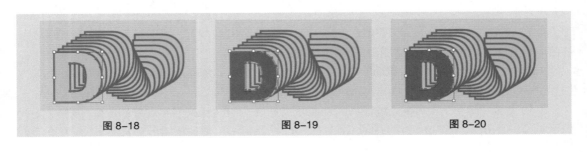

图 8-18　　　　　　　　　　图 8-19　　　　　　　　　　图 8-20

（12）选取最后一个文字"D"，如图 8-21 所示。按 Ctrl+C 组合键，复制文字，按 Ctrl+B 组合键，将复制的文字粘贴在后面。向右下角拖曳文字到适当的位置，并调整其大小，效果如图 8-22 所示。按住 Shift 键同时，单击原文字将其同时选取，如图 8-23 所示。

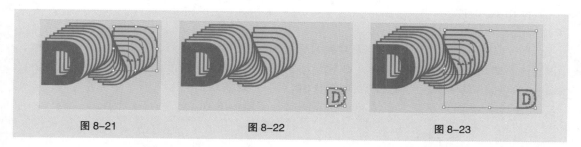

图 8-21   图 8-22   图 8-23

（13）双击"混合"工具，在弹出的"混合选项"对话框中进行设置，如图 8-24 所示。单击"确定"按钮。按 Alt+Ctrl+B 组合键，生成混合，效果如图 8-25 所示。

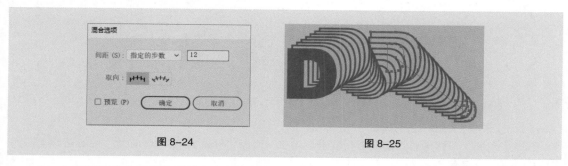

图 8-24   图 8-25

（14）用相同的方法制作其他文字混合效果，如图 8-26 所示。按 Ctrl+O 组合键，打开云盘中的"Ch08 > 素材 > 制作设计作品展海报 > 01"文件。选择"选择"工具，选取需要的图形，按 Ctrl+C 组合键，复制图形。选择正在编辑的页面，按 Ctrl+V 组合键，将其粘贴到页面中，并拖曳复制的图形到适当的位置，效果如图 8-27 所示。设计作品展海报制作完成，效果如图 8-28 所示。

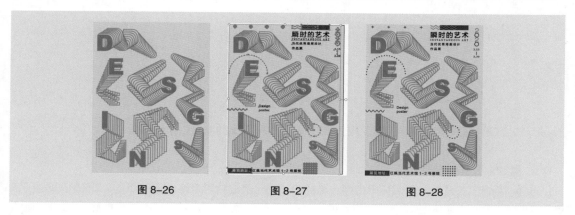

图 8-26   图 8-27   图 8-28

8.1.2 创建混合对象

选择"混合"命令可以对整个图形、部分路径或控制点进行混合。混合对象后，中间各级路径上的点的数量、位置以及点之间线段的性质取决于起始对象和终点对象上点的数目，同时还取决于在每个路径上指定的特定点。

"混合"功能试图匹配起始对象和终点对象上的所有点，并在每对相邻的点间画条线段。起始对象和终点对象最好包含相同数目的控制点。如果两个对象含有不同数目的控制点，Illustrator 将在中间级中增加或减少控制点。

1. 创建混合对象

（1）应用混合工具创建混合对象。

选择"选择"工具 ▶，选取要进行混合的两个对象，如图 8-29 所示。选择"混合"工具 ⬚，用鼠标单击要混合的起始图像，如图 8-30 所示。在另一个要混合的图像上进行单击，将它设置为目标图像，如图 8-31 所示，绘制出的混合图像效果如图 8-32 所示。

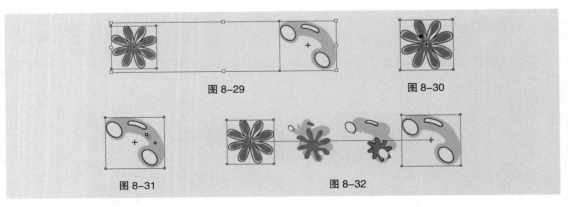

图 8-29   图 8-30

图 8-31   图 8-32

（2）应用命令创建混合对象。

选择"选择"工具 ▶，选取要进行混合的对象。选择"对象 > 混合 > 建立"命令（组合键为 Alt+Ctrl+B），即可绘制出混合图像。

2. 创建混合路径

选择"选择"工具 ▶，选取要进行混合的对象，如图 8-33 所示。选择"混合"工具 ⬚，用鼠标单击要混合的起始路径上的某一节点，鼠标指针变为实心，如图 8-34 所示。用鼠标单击另一个要混合的目标路径上的某一节点，将它设置为目标路径，如图 8-35 所示。绘制出混合路径，效果如图 8-36 所示。

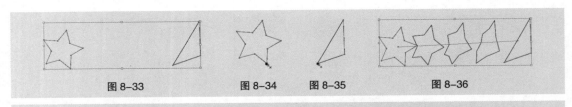

图 8-33   图 8-34   图 8-35   图 8-36

提示：**在起始路径和目标路径上单击的节点不同，所得出的混合效果也不同。**

3. 继续混合其他对象

选择"混合"工具 ⬚，用鼠标单击混合路径中最后一个混合对象路径上的节点，如图 8-37 所示。单击想要添加的其他对象路径上的节点，如图 8-38 所示。继续混合对象后的效果如图 8-39 所示。

图 8-37   图 8-38

图 8-39

4. 释放混合对象

选择"选择"工具 ▶，选取一组混合对象，如图 8-40 所示。选择"对象 > 混合 > 释放"命令（组合键为 Alt+Shift+Ctrl+B），即可释放混合对象，效果如图 8-41 所示。

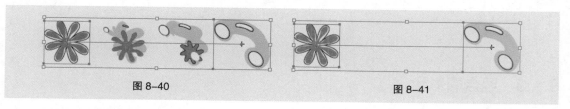

图 8-40   图 8-41

5. 使用"混合选项"对话框

选择"选择"工具 ▶，选取要进行混合的对象，如图 8-42 所示。选择"对象 > 混合 > 混合选项"命令，弹出"混合选项"对话框。在对话框中"间距"选项的下拉列表中选择"平滑颜色"，可以使混合的颜色保持平滑，如图 8-43 所示。

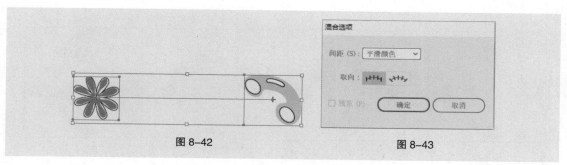

图 8-42   图 8-43

在对话框中"间距"选项的下拉列表中选择"指定的步数"，可以设置混合对象的步骤数，如图 8-44 所示。

在对话框中"间距"选项的下拉列表中选择"指定的距离"，可以设置混合对象间的距离，如图 8-45 所示。

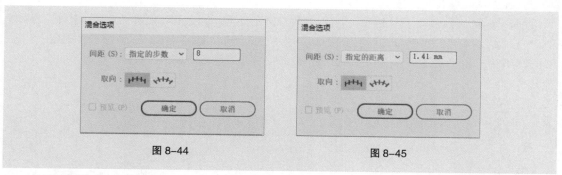

图 8-44   图 8-45

在对话框的"取向"选项组中有"对齐页面"和"对齐路径"2 个选项可以选择。设置每个选项后，如图 8-46 所示，单击"确定"按钮。选择"对象 > 混合 > 建立"命令，将对象混合，效果如图 8-47 所示。

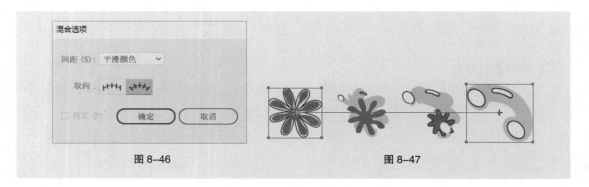

图 8-46   图 8-47

8.1.3 混合的形状

"混合"命令可以将一种形状变形成另一种形状。

1. 多个对象的混合变形

选择"钢笔"工具 ![pen]，在页面上绘制 4 个形状不同的对象，如图 8-48 所示。

选择"混合"工具 ![blend]，单击第 1 个对象，接着按照顺时针的方向，依次单击每个对象，这样每个对象都被混合了，效果如图 8-49 所示。

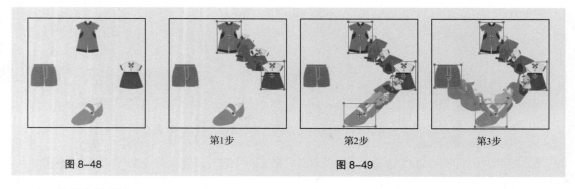

第1步   第2步   第3步

图 8-48   图 8-49

2. 绘制立体效果

选择"钢笔"工具 ![pen]，在页面上绘制灯笼的上底、下底和边缘线，效果如图 8-50 所示。选取灯笼的左右两条边缘线，如图 8-51 所示。

选择"对象 > 混合 > 混合选项"命令，弹出"混合选项"对话框。设置"指定的步数"选项数值框中的数值为 4，在"取向"选项组中选择"对齐页面"选项，如图 8-52 所示。单击"确定"按钮。选择"对象 > 混合 > 建立"命令，灯笼上面的立体褶皱即绘制完成，效果如图 8-53 所示。

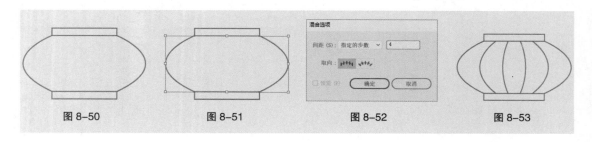

图 8-50   图 8-51   图 8-52   图 8-53

8.1.4　编辑混合路径

在制作混合图形之前，需要修改混合选项的设置，否则系统将采用默认的设置建立混合图形。

混合得到的图形由混合路径相连接，自动创建的混合路径默认是直线，如图 8-54 所示。我们可以编辑这条混合路径。编辑混合路径可以添加、减少控制点，以及扭曲混合路径，也可将直角控制点转换为曲线控制点。

选择"对象 > 混合 > 混合选项"命令，弹出"混合选项"对话框，在"间距"选项组中包括 3 个选项，如图 8-55 所示。

"平滑颜色"选项：按进行混合的 2 个图形的颜色和形状来确定混合的步数，为默认的选项，效果如图 8-56 所示。

"指定的步数"选项：控制混合的步数。当"指定的步数"选项设置为 2 时，效果如图 8-57 所示。当"指定的步数"选项设置为 7 时，效果如图 8-58 所示。

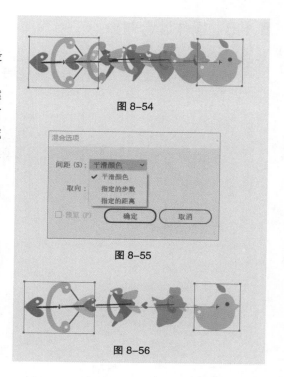

图 8-54

图 8-55

图 8-56

图 8-57　　　　　　　　　　　图 8-58

"指定的距离"选项：控制每一步混合的距离。当"指定的距离"选项设置为 25 时，效果如图 8-59 所示。当"指定的距离"选项设置为 2 时，效果如图 8-60 所示。

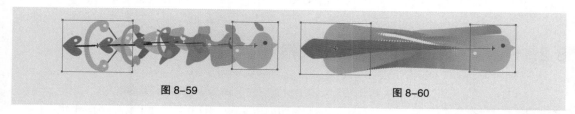

图 8-59　　　　　　　　　　　图 8-60

如果想要将混合图形与存在的路径结合，可同时选取混合图形和外部路径，选择"对象 > 混合 > 替换混合轴"选项，即可替换混合图形中的混合路径。混合前后的效果对比如图 8-61 和图 8-62 所示。

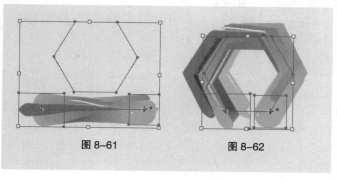

图 8-61　　　　　　　　　图 8-62

8.1.5　操作混合对象

1．改变混合图像的重叠顺序

选取混合图像，选择"对象 > 混合 > 反向堆叠"命令，混合图像的重叠顺序将被改变。改变前后的效果对比如图 8-63 和图 8-64 所示。

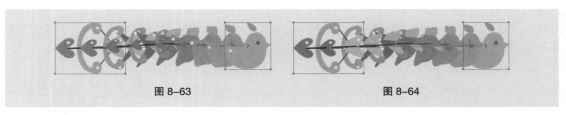

图 8-63　　　　　　　　　　　　　　　　　　图 8-64

2．打散混合图像

选取混合图像，选择"对象 > 混合 > 扩展"命令，混合图像将被打散。打散前后的效果对比如图 8-65 和图 8-66 所示。

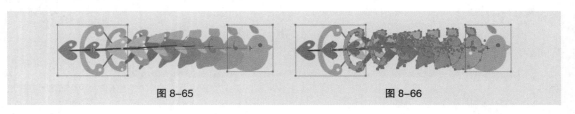

图 8-65　　　　　　　　　　　　　　　　　　图 8-66

8.2　封套效果的使用

Illustrator CC 2019 中提供了不同形状的封套类型，利用不同的封套类型可以改变选定对象的形状。封套不仅可以应用到选定的图形中，还可以应用于路径、复合路径、文本对象、网格、混合或导入的位图当中。

当对一个对象使用封套时，对象就像被放入到一个特定的容器中，封套使对象的本身发生相应的变化。同时，对于应用了封套的对象，还可以对其进行一定的编辑，如修改、删除等操作。

8.2.1　课堂案例——制作音乐节海报

【案例学习目标】学习使用绘图工具和"封套扭曲"命令制作音乐节海报。

【案例知识要点】使用添加锚点工具和锚点工具添加并编辑锚点；使用极坐标网格工具、渐变工具、"用网格建立"命令和直接选择工具制作装饰图形；使用矩形工具、"用变形建立"命令制作琴键。音乐节海报效果如图 8-67 所示。

【效果所在位置】云盘 /Ch08/ 效果 / 制作音乐节海报 .ai。

扫码观看
本案例视频

扫码查看
扩展案例

（1）按 Ctrl+N 组合键，弹出"新建文档"对话框，设置文档的宽度为 1080 px，高度为 1440 px，取向为竖向，颜色模式为 RGB，单击"创建"按钮，新建一个文档。

（2）选择"矩形"工具▢，绘制一个与页面大小相等的矩形，如图 8-68 所示。设置填充色为粉色（250、233、217），填充图形，并设置描边色为无，效果如图 8-69 所示。

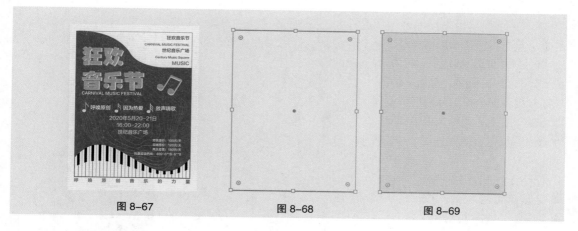

图 8-67 图 8-68 图 8-69

（3）使用"矩形"工具 ▢，在适当的位置再绘制一个矩形，设置填充色为蓝色（47、50、139），填充图形，并设置描边色为无，效果如图 8-70 所示。

（4）选择"添加锚点"工具 ✒️，在矩形上边适当的位置单击鼠标左键，添加一个锚点，如图 8-71 所示。选择"直接选择"工具 ▷，按住 Shift 键的同时，单击右侧的锚点将其同时选取，并向下拖曳选中的锚点到适当的位置，如图 8-72 所示。

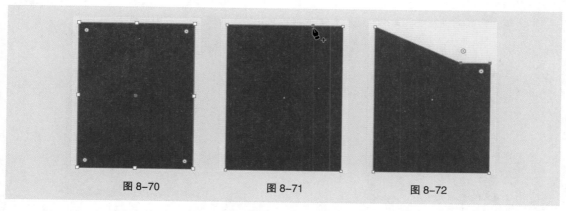

图 8-70 图 8-71 图 8-72

（5）选择"添加锚点"工具 ✒️，在斜边适当的位置单击鼠标左键，添加一个锚点，如图 8-73 所示。选择"锚点"工具 ⌐，单击并拖曳锚点的控制手柄，将所选锚点转换为平滑锚点，效果如图 8-74 所示。拖曳下方的控制手柄到适当的位置，调整其弧度，效果如图 8-75 所示。

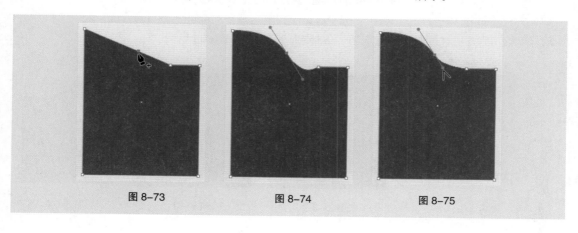

图 8-73 图 8-74 图 8-75

（6）选择"极坐标网格"工具 ◉，在页面中单击鼠标左键，弹出"极坐标网格工具选项"对话框，设置如图 8-76 所示。单击"确定"按钮，出现一个极坐标网格。选择"选择"工具 ▶，拖曳极坐标网格到适当的位置，效果如图 8-77 所示。

（7）在属性栏中将"描边粗细"项设置为 3 pt，按 Enter 键确定操作，效果如图 8-78 所示。双击"渐变"工具 ▣，弹出"渐变"控制面板，选中"线性渐变"按钮 ▣，在色带上设置 4 个渐变滑块，分别将渐变滑块的位置设为 0、33、70、100，并设置 R、G、

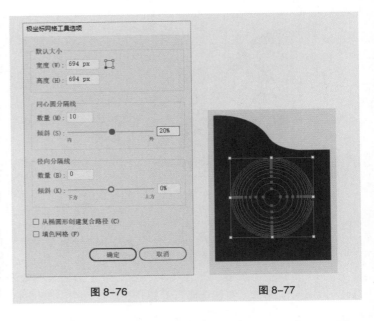

图 8-76   图 8-77

B 的值分别为 0（68、71、153）、33（88、65、150）、70（124、62、147）、100（186、56、147），其他选项的设置如图 8-79 所示。图形描边被填充为渐变色，效果如图 8-80 所示。

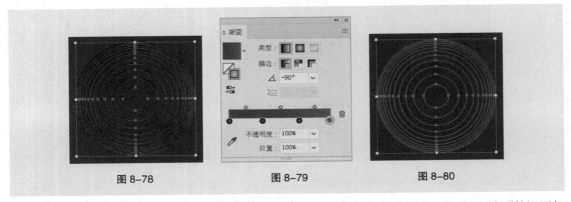

图 8-78   图 8-79   图 8-80

（8）选择"对象 > 封套扭曲 > 用网格建立"命令，弹出"封套网格"对话框，选项的设置如图 8-81 所示。单击"确定"按钮，建立网格封套，效果如图 8-82 所示。

（9）选择"直接选择"工具 ▷，选中并拖曳封套上需要的锚点到适当的位置，效果如图 8-83 所示。用相同的方法对封套其他锚点进行扭曲变形，效果如图 8-84 所示。

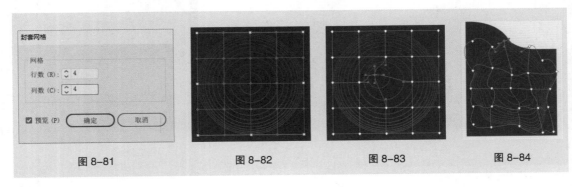

图 8-81   图 8-82   图 8-83   图 8-84

（10）选择"矩形"工具 ▢，在页面外绘制一个矩形，设置填充色为粉色（250、233、217），填充图形，并设置描边色为无，效果如图 8-85 所示。

（11）选择"选择"工具 ▶，按住 Alt+Shift 组合键的同时，水平向右拖曳矩形到适当的位置，复制矩形，效果如图 8-86 所示。选择"矩形"工具 ▢，在适当的位置绘制一个矩形，填充图形为黑色，并设置描边色为无，效果如图 8-87 所示。

（12）选择"选择"工具 ▶，用框选的方法将所绘制的矩形同时选取，按 Ctrl+G 组合键，将其编组，如图 8-88 所示。按住 Alt+Shift 组合键的同时，水平向右拖曳编组图形到适当的位置，复制编组图形，效果如图 8-89 所示。连续按 Ctrl+D 组合键，复制出多个图形，效果如图 8-90 所示。

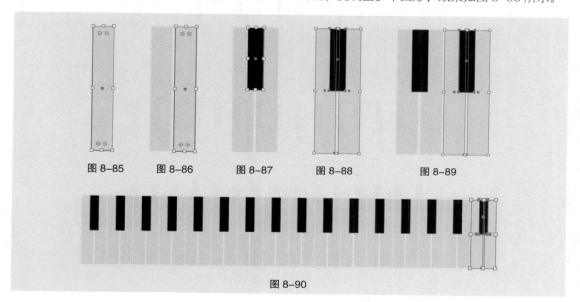

图 8-85   图 8-86   图 8-87   图 8-88   图 8-89

图 8-90

（13）选择"选择"工具 ▶，用框选的方法将所复制的图形同时选取，按 Ctrl+G 组合键，将其编组，如图 8-91 所示。

（14）双击"镜像"工具 ▷◁，弹出"镜像"对话框，选项的设置如图 8-92 所示。单击"复制"按钮，镜像并复制图形，效果如图 8-93 所示。

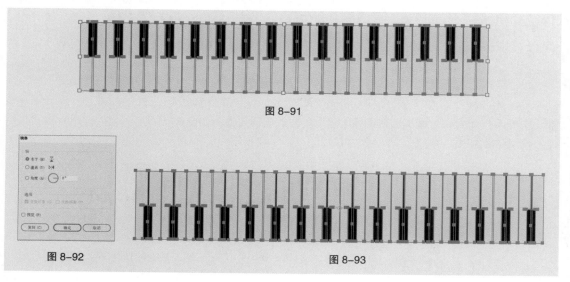

图 8-91

图 8-92   图 8-93

（15）选择"选择"工具 ▶，按住 Shift 键的同时，垂直向下拖曳复制的图形到适当的位置，效果如图 8-94 所示。

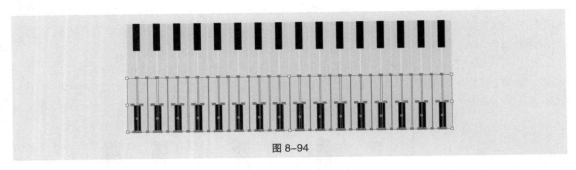

图 8-94

（16）选择"选择"工具 ▶，按住 Shift 键的同时，单击原编组图形将其同时选取，如图 8-95 所示。

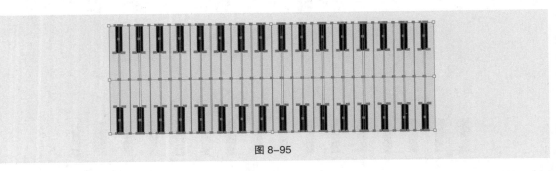

图 8-95

（17）选择"对象 > 封套扭曲 > 用变形建立"命令，弹出"变形选项"对话框，选项的设置如图 8-96 所示。单击"确定"按钮，建立鱼形封套，效果如图 8-97 所示。

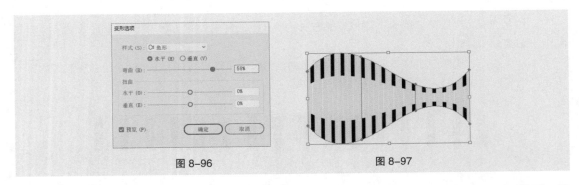

图 8-96　　　　　　　　　　　　　　　　图 8-97

（18）选择"对象 > 封套扭曲 > 扩展"命令，打散封套图形，效果如图 8-98 所示。按 Shift+Ctrl+G 组合键，取消图形编组。选取下方的鱼形封套，如图 8-99 所示，按 Delete 键将其删除，效果如图 8-100 所示。

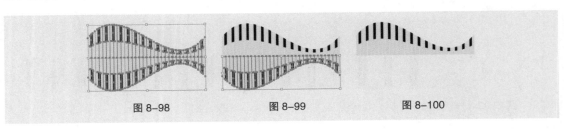

图 8-98　　　　　　　　图 8-99　　　　　　　　图 8-100

（19）选择"选择"工具 ▶ ，选取上方的鱼形封套，并将其拖曳到页面中适当的位置，效果如图 8-101 所示。选择"矩形"工具 ▢ ，在适当的位置绘制一个矩形，设置描边色为蓝色（47、50、139），填充描边，效果如图 8-102 所示。

（20）按 Ctrl+O 组合键，打开云盘中的"Ch08 > 素材 > 制作音乐节海报 > 01"文件。选择"选择"工具 ▶ ，选取需要的图形，按 Ctrl+C 组合键，复制图形。选择正在编辑的页面，按 Ctrl+V 组合键，将其粘贴到页面中，并拖曳复制的图形到适当的位置，效果如图 8-103 所示。音乐节海报制作完成，效果如图 8-104 所示。

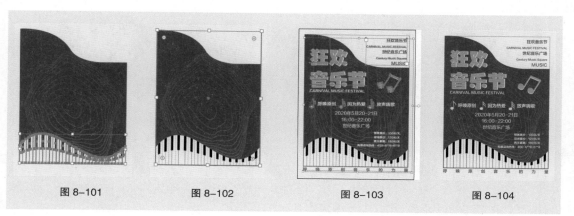

| 图 8-101 | 图 8-102 | 图 8-103 | 图 8-104 |

8.2.2　创建封套

当需要使用封套来改变对象的形状时，我们可以应用程序所预设的封套图形，或者使用网格工具调整对象，还可以使用自定义图形作为封套。但是，该图形必须处于所有对象的最上层。

（1）从应用程序预设的形状创建封套。

选中对象，选择"对象 > 封套扭曲 > 用变形建立"命令（组合键为 Alt+Shift+Ctrl+W），弹出"变形选项"对话框，如图 8-105 所示。

在"样式"选项的下拉列表中提供了 15 种封套类型，我们可根据需要选择，如图 8-106 所示。

"水平"选项和"垂直"选项用来设置指定封套类型的放置位置。选定一个选项，在"弯曲"选项中设置对象的弯曲程度，可以设置应用封套类型在水平或垂直方向上的扭曲程度。勾选"预览"复选项，可预览设置的封套效果。单击"确定"按钮，将设置好的封套应用到选定的对象中。图形应用封套前后的对比效果如图 8-107 所示。

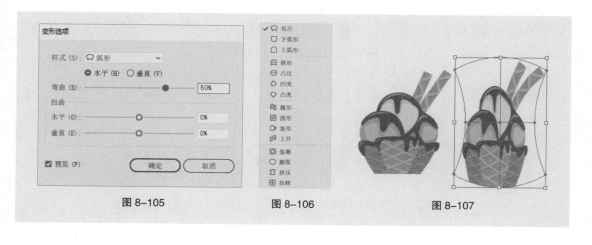

| 图 8-105 | 图 8-106 | 图 8-107 |

（2）使用网格建立封套。

选中对象，选择"对象 > 封套扭曲 > 用网格建立"命令（组合键为 Alt+Ctrl+M），弹出"封套网格"对话框。在"行数"选项和"列数"选项的数值框中，可以根据需要输入网格的行数和列数，如图8-108所示。单击"确定"按钮，设置完成的网格封套将应用到选定的对象中，效果如图8-109所示。

设置完成的网格封套还可以通过"网格"工具 进行编辑。选择"网格"工具 ，单击网格封套对象，即可增加对象上的网格数，如图8-110所示。按住 Alt 键的同时，单击对象上的网格点和网格线，可以减少网格封套的行数和列数。用"网格"工具 拖曳网格点可以改变对象的形状，如图8-111所示。

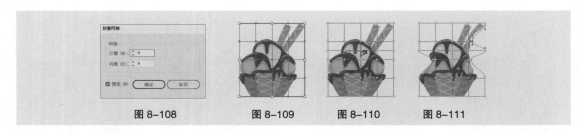

| 图8-108 | 图8-109 | 图8-110 | 图8-111 |

（3）使用路径建立封套。

同时选中对象和想要用来作为封套的路径（这时封套路径必须处于所有对象的最上层），如图8-112所示。选择"对象 > 封套扭曲 > 用顶层对象建立"命令（组合键为 Alt+Ctrl+C），即可使用路径创建封套。使用路径创建的封套效果如图8-113所示。

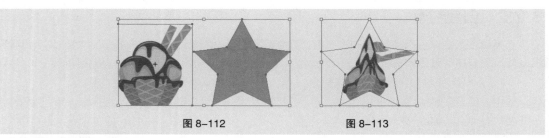

| 图8-112 | 图8-113 |

8.2.3　编辑封套

我们也可以对创建的封套进行编辑。由于创建的封套是将封套和对象组合在一起的，所以既可以编辑封套，也可以编辑对象，但是两者不能同时编辑。

1. 编辑封套形状

选择"选择"工具 ，选取一个含有对象的封套。选择"对象 > 封套扭曲 > 用变形重置"命令或"用网格重置"命令，弹出"变形选项"对话框或"重置封套网格选项"对话框。这时我们可以根据需要重新设置封套类型，效果如图8-114和图8-115所示。

选择"直接选择"工具 或使用"网格"工具 可以拖动封套上的锚点进行编辑。还可以使用"变形"工具 对封套进行扭曲变形，效果如图8-116所示。

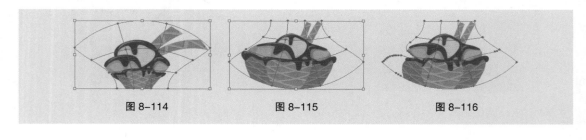

| 图8-114 | 图8-115 | 图8-116 |

2. 编辑封套内的对象

选择"选择"工具 ▶，选取含有封套的对象，如图 8-117 所示。选择"对象 > 封套扭曲 > 编辑内容"命令（组合键为 Shift+Ctrl+V），对象将会显示原来的选框，如图 8-118 所示。这时在"图层"控制面板中的封套图层左侧将显示一个小箭头，这表示可以修改封套中的内容，如图 8-119 所示。

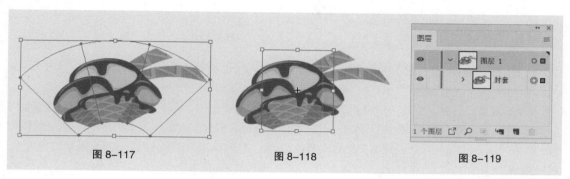

图 8-117　　　　　　　　图 8-118　　　　　　　　图 8-119

8.2.4　设置封套属性

对封套进行设置，可以使封套更好地符合我们对图形绘制的要求。

选择一个封套对象，选择"对象 > 封套扭曲 > 封套选项"命令，弹出"封套选项"对话框，如图 8-120 所示。

勾选"消除锯齿"复选项，可以在使用封套变形的时候防止锯齿的产生，保持图形的清晰度。在编辑非直角封套时，可以选择"剪切蒙版"和"透明度"两种方式保护图形。"保真度"选项设置对象适合封套的保真度。当勾选"扭曲外观"复选项后，下方的两个复选项将被激活。它可使对象具有外观属性，如应用了特殊效果，对象也随着发生扭曲变形。"扭曲线性渐变填充"和"扭曲图案填充"复选项，分别用于扭曲对象的直线渐变填充和图案填充。

图 8-120

8.3　Illustrator 效果

Illustrator 效果为矢量效果，可以同时应用于矢量和位图对象，它包括 10 个效果组，有些效果组又包括多个效果。.

8.3.1　课堂案例——制作矛盾空间效果 Logo

【案例学习目标】学习使用矩形工具和"3D"命令制作矛盾空间效果 Logo。

【案例知识要点】使用矩形工具、"凸出和斜角"命令、"路径查找器"命令和渐变工具制作矛盾空间效果 Logo；使用文字工具输入 Logo 文字。矛盾空间效果 Logo 的效果如图 8-121 所示。

【效果所在位置】云盘 /Ch08/ 效果 / 制作矛盾空间效果 Logo.ai。

扫码观看
本案例视频

扫码查看
扩展案例

碲点装饰
DIDIAN DECORATION

图 8-121

（1）按 Ctrl+N 组合键，弹出"新建文档"对话框，设置文档的宽度为 800 px，高度为 600 px，取向为横向，颜色模式为 RGB，单击"创建"按钮，新建一个文档。

（2）选择"矩形"工具 ▢，在页面中单击鼠标左键，弹出"矩形"对话框，数值项的设置如图 8-122 所示。单击"确定"按钮，出现一个正方形。选择"选择"工具 ▶，拖曳正方形到适当的位置，效果如图 8-123 所示。设置填充色为浅蓝色（109、213、250），填充图形，并设置描边色为无，效果如图 8-124 所示。

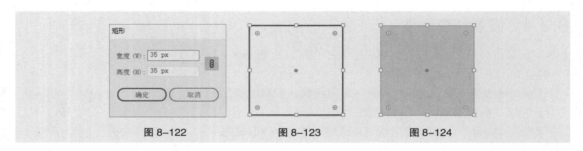

图 8-122　　　　图 8-123　　　　图 8-124

（3）选择"效果 > 3D > 凸出和斜角"命令，弹出"3D 凸出和斜角选项"对话框，设置如图 8-125 所示。单击"确定"按钮，效果如图 8-126 所示。选择"对象 > 扩展外观"命令，扩展图形外观，效果如图 8-127 所示。

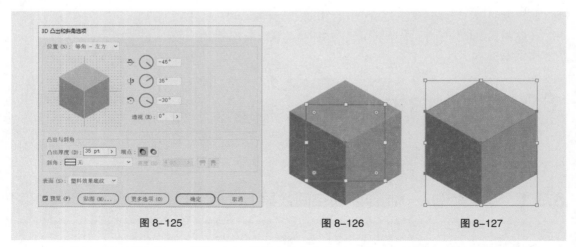

图 8-125　　　　图 8-126　　　　图 8-127

（4）选择"直接选择"工具 ▷，用框选的方法将长方体下方需要的锚点同时选取，如图 8-128 所示，并向下拖曳锚点到适当的位置，效果如图 8-129 所示。

（5）选择"选择"工具 ▶，按住 Alt+Shift 组合键的同时，水平向右拖曳图形到适当的位置，复制图形，效果如图 8-130 所示。

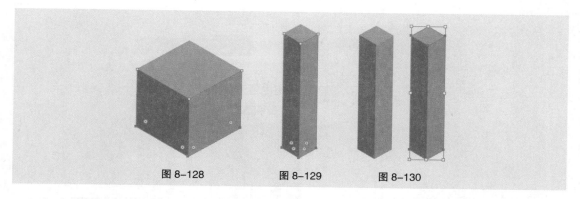

图 8-128   图 8-129   图 8-130

（6）选择"直接选择"工具 ▷，用框选的方法将右侧长方体下方需要的锚点同时选取，如图 8-131 所示，并向上拖曳锚点到适当的位置，效果如图 8-132 所示。

（7）选择"选择"工具 ▶，用框选的方法将 2 个长方体同时选取，如图 8-133 所示。再次单击左侧长方体将其作为参照对象，如图 8-134 所示，在属性栏中单击"垂直居中对齐"按钮 ⬌ 对齐长方体。对齐效果如图 8-135 所示。

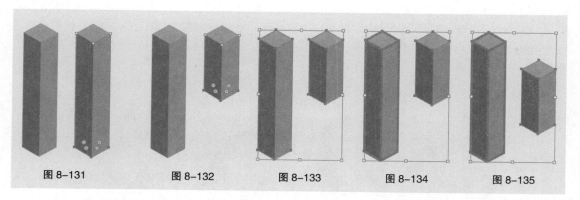

图 8-131   图 8-132   图 8-133   图 8-134   图 8-135

（8）选择"选择"工具 ▶，选取右侧的长方体，如图 8-136 所示，按住 Alt 键的同时，向左上角拖曳图形到适当的位置，复制图形，效果如图 8-137 所示。

（9）选择"窗口 > 变换"命令，弹出"变换"控制面板，将"旋转"选项设为 60°，如图 8-138 所示。按 Enter 键确定操作，并拖曳旋转到适当的位置，效果如图 8-139 所示。

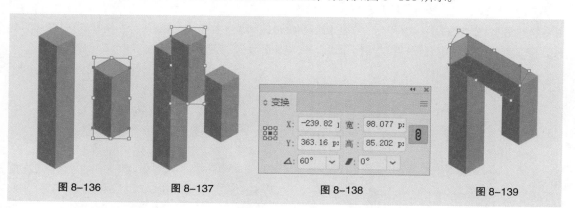

图 8-136   图 8-137   图 8-138   图 8-139

（10）双击"镜像"工具 ▷◁，弹出"镜像"对话框，选项的设置如图 8-140 所示。单击"复制"按钮，镜像并复制图形，效果如图 8-141 所示。选择"选择"工具 ▶，按住 Shift 键的同时，垂直向下拖曳复制的图形到适当的位置，效果如图 8-142 所示。

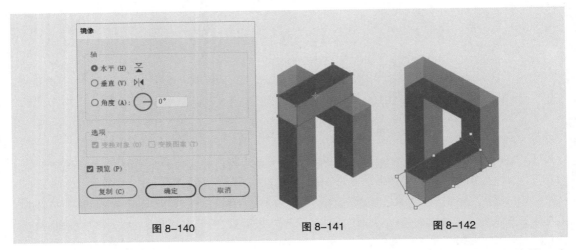

图 8-140　　　　　　　图 8-141　　　　　　　图 8-142

（11）选择"选择"工具 ，用框选的方法将所绘制的图形同时选取，连续按 3 次 Shift+Ctrl+G 组合键，取消图形编组，如图 8-143 所示。选取左侧需要的图形，如图 8-144 所示，按 Shift+Ctrl+] 组合键，将其置于顶层，效果如图 8-145 所示。用相同的方法调整其他图形顺序，效果如图 8-146 所示。

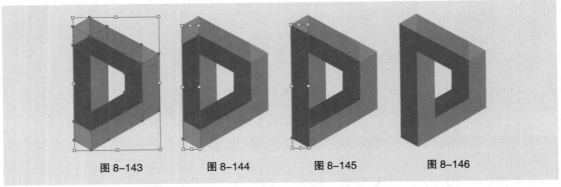

图 8-143　　　　　图 8-144　　　　　图 8-145　　　　　图 8-146

（12）选取上方需要的图形，如图 8-147 所示。选择"吸管"工具 ，将吸管图标 放置在右侧需要的图形上，如图 8-148 所示，单击鼠标左键吸取属性，如图 8-149 所示。选择"选择"工具 ，按 Shift+Ctrl+] 组合键，将其置于顶层，效果如图 8-150 所示。

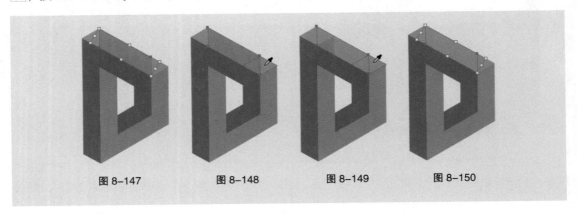

图 8-147　　　　　图 8-148　　　　　图 8-149　　　　　图 8-150

（13）放大显示视图。选择"直接选择"工具 ，分别调整转角处的每个锚点，使其每个角或边对齐，效果如图8-151所示。选择"选择"工具 ，用框选的方法将所绘制的图形同时选取，如图8-152所示。选择"窗口 > 路径查找器"命令，弹出"路径查找器"控制面板。单击"分割"按钮 ，如图8-153所示，生成新对象，效果如图8-154所示。按Shift+Ctrl+G组合键，取消图形编组。

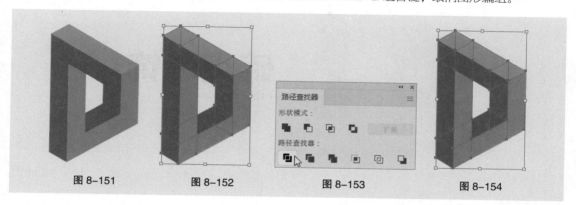

图 8-151　　　　　　图 8-152　　　　　　图 8-153　　　　　　图 8-154

（14）选择"选择"工具 ，按住Shift键的同时，依次单击选取需要的图形，如图8-155所示。在"路径查找器"控制面板中，单击"联集"按钮 ，如图8-156所示，生成新的对象，效果如图8-157所示。

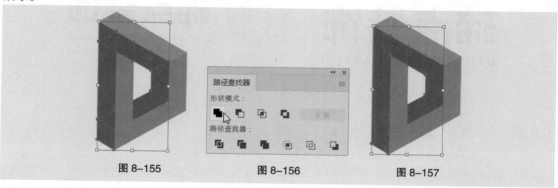

图 8-155　　　　　　图 8-156　　　　　　图 8-157

（15）双击"渐变"工具 ，弹出"渐变"控制面板，选中"线性渐变"按钮 ，在色带上设置3个渐变滑块，分别将渐变滑块的位置设为0、36、100，并设置R、G、B的值分别为0（41、105、176）、36（41、128、185）、100（109、213、250），其他选项的设置如图8-158所示。图形被填充为渐变色，效果如图8-159所示。用相同的方法合并其他形状，并填充相应的渐变色，效果如图8-160所示。

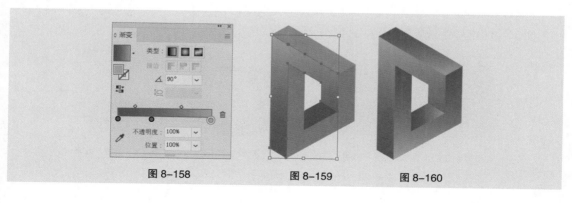

图 8-158　　　　　　图 8-159　　　　　　图 8-160

（16）选择"选择"工具 ▶，用框选的方法将所绘制的图形全部选取，按Ctrl+G组合键，将其编组，如图 8-161 所示。

（17）选择"文字"工具 T，在页面中分别输入需要的文字。选择"选择"工具 ▶，在属性栏中分别选择合适的字体并设置文字大小，效果如图 8-162 所示。

图 8-161　　　　　　　　　　图 8-162

（18）选取下方英文文字，按 Alt + → 组合键，适当调整文字间距，效果如图 8-163 所示。矛盾空间效果 Logo 制作完成，效果如图 8-164 所示。

图 8-163　　　　　　　　　　图 8-164

8.3.2　"3D"效果组

"3D"效果组可以将开放路径、封闭路径或位图对象转换为可以旋转、打光和投影的三维对象，如图 8-165 所示。

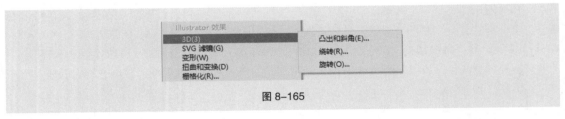

图 8-165

"3D"效果组中的效果如图 8-166 所示。

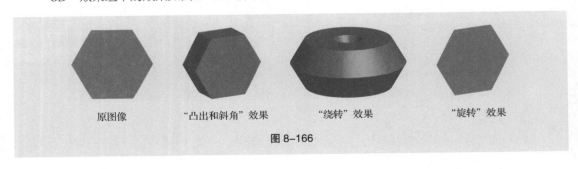

原图像　　　　"凸出和斜角"效果　　　　"绕转"效果　　　　"旋转"效果

图 8-166

8.3.3 "变形"效果组

"变形"效果组使对象扭曲或变形，可作用的对象有路径、文本、网格、混合和栅格图像，如图 8-167 所示。

"变形"效果组中的效果如图 8-168 所示。

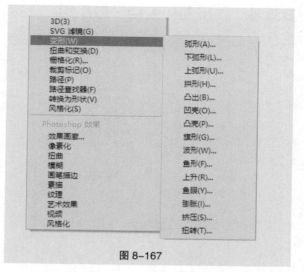

图 8-167

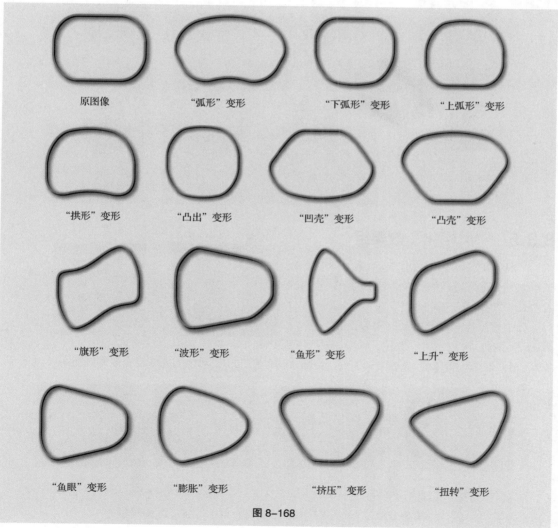

图 8-168

8.3.4　"扭曲和变换"效果组

图 8-169 所示的"扭曲和变换"效果组可以使图像产生各种扭曲变形的效果。

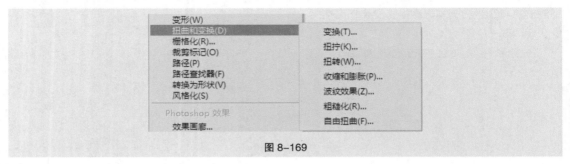

图 8-169

"扭曲"效果组中的效果，如图 8-170 所示。

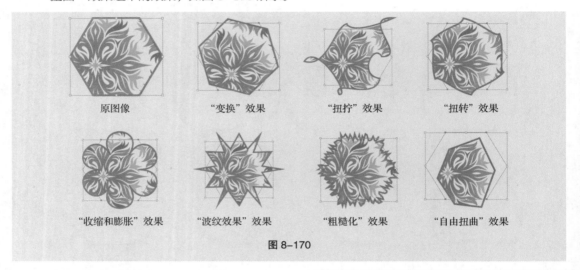

图 8-170

8.3.5　"风格化"效果组

"风格化"效果组可以增强对象的外观效果，如图 8-171 所示。下面我们就来详细介绍这6个效果命令。

1.　"内发光"命令

选中要添加内发光效果的对象，如图 8-172 所示，选择"效果 > 风格化 > 内发光"命令。在弹出的"内发光"对话框中设置数值，如图 8-173 所示。单击"确定"按钮。对象的内部发光效果如图 8-174 所示。

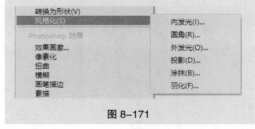

图 8-171

图 8-172　　　　图 8-173　　　　图 8-174

2. "圆角"命令

选中要添加圆角效果的对象，如图 8-175 所示，选择"效果 > 风格化 > 圆角"命令。在弹出的"圆角"对话框中设置数值，如图 8-176 所示。单击"确定"按钮。对象的圆角效果如图 8-177 所示。

图 8-175 　　　　　　图 8-176 　　　　　　图 8-177

3. "外发光"命令

选中要添加外发光效果的对象，如图 8-178 所示，选择"效果 > 风格化 > 外发光"命令。在弹出的"外发光"对话框中设置数值，如图 8-179 所示。单击"确定"按钮。对象的外部发光效果如图 8-180 所示。

图 8-178 　　　　　　图 8-179 　　　　　　图 8-180

4. "投影"命令

选中要添加投影效果的对象，如图 8-181 所示，选择"效果 > 风格化 > 投影"命令。在弹出的"投影"对话框中设置数值，如图 8-182 所示。单击"确定"按钮。对象的投影效果如图 8-183 所示。

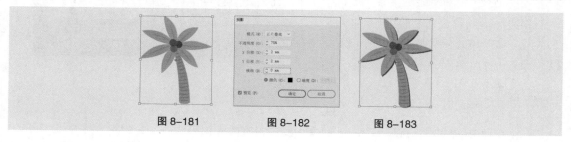

图 8-181 　　　　　　图 8-182 　　　　　　图 8-183

5. "涂抹"命令

选中要添加涂抹效果的对象，如图 8-184 所示，选择"效果 > 风格化 > 涂抹"命令。在弹出的"涂抹选项"对话框中设置数值，如图 8-185 所示。单击"确定"按钮。对象的涂抹效果如图 8-186 所示。

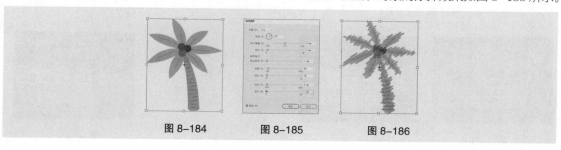

图 8-184 　　　　　　图 8-185 　　　　　　图 8-186

6. "羽化"命令

羽化即将对象的边缘从实心颜色逐渐过渡为无色。选中要羽化的对象，如图 8-187 所示，选择"效果 > 风格化 > 羽化"命令。在弹出的"羽化"对话框中设置数值，如图 8-188 所示。单击"确定"按钮，对象的效果如图 8-189 所示。

图 8-187　　　　　　　图 8-188　　　　　　　图 8-189

8.4　Photoshop 效果

Photoshop 效果为栅格效果，也就是用来生成像素的效果，可以同时应用于矢量或位图对象。Photoshop 效果包括一个效果画廊和 9 个效果组，有些效果组又包括多个效果。

8.4.1　课堂案例——制作发光文字效果

【案例学习目标】学习使用文字工具和"模糊"命令制作发光文字效果。

【案例知识要点】使用文字工具输入文字；使用"创建轮廓"命令将文字轮廓化；使用"偏移路径"命令、"轮廓化描边"命令、"高斯模糊"命令和"外发光"命令为文字添加发光效果。效果如图 8-190 所示。

扫码观看　　　　扫码查看
本案例视频　　　扩展案例

图 8-190

【效果所在位置】云盘 /Ch08/ 效果 / 制作发光文字效果 .ai。

（1）按 Ctrl+O 组合键，打开云盘中的"Ch08>素材>制作发光文字效果>01"文件，如图 8-191 所示。

（2）选择"文字"工具 T，在页面中输入需要的文字。选择"选择"工具 ▶，在属性栏中选择合适的字体并设置文字大小，填充文字为白色，效果如图 8-192 所示。

（3）按 Ctrl+T 组合键，弹出"字符"控制面板，将"设置所选字符的字距调整"选项 ⅤⅤ 设为 100，其他选项的设置如图 8-193 所示。按 Enter 键确定操作，效果如图 8-194 所示。

图 8-191　　　　　　　图 8-192　　　　　　　图 8-193　　　　　　　图 8-194

（4）按 Shift+Ctrl+O 组合键，将文字转换为轮廓，效果如图 8-195 所示。按 Shift+X 组合键，互换填色和描边，如图 8-196 所示。在属性栏中将"描边粗细"项设置为 8 pt，按 Enter 键确定操作，效果如图 8-197 所示。

（5）按 Ctrl+C 组合键，复制文字，按 Ctrl+B 组合键，将复制的文字粘贴在后面。选择"对象 > 路径 > 轮廓化描边"命令，将描边转换为填充，效果如图 8-198 所示。

图 8-195　　　　图 8-196　　　　图 8-197　　　　图 8-198

（6）选择"效果 > 路径 > 位移路径"命令，在弹出的"偏移路径"对话框中进行设置，如图 8-199 所示。单击"确定"按钮，偏移路径，效果如图 8-200 所示。

（7）选择"效果 > 模糊 > 高斯模糊"命令，在弹出的"高斯模糊"对话框中进行设置，如图 8-201 所示。单击"确定"按钮，效果如图 8-202 所示。

图 8-199　　　　图 8-200　　　　图 8-201　　　　图 8-202

（8）设置填充色为紫色（236、64、122），填充文字，效果如图 8-203 所示。在属性栏中将"不透明度"项设为 70%，按 Enter 键确定操作，效果如图 8-204 所示。

（9）选择"选择"工具 ▶，选取上方白色描边文字，按 Ctrl+C 组合键，复制文字，按 Ctrl+F 组合键，将复制的文字粘贴在前面，如图 8-205 所示。按 Shift+X 组合键，互换填色和描边，如图 8-206 所示。

图 8-203　　　　图 8-204　　　　图 8-205　　　　图 8-206

（10）选择"效果 > 路径 > 位移路径"命令，在弹出的"偏移路径"对话框中进行设置，如图 8-207 所示。单击"确定"按钮，偏移路径，效果如图 8-208 所示。

（11）选择"效果 > 风格化 > 外发光"

图 8-207　　　　图 8-208

命令，在弹出的"外发光"对话框中进行设置，如图 8-209 所示。单击"确定"按钮，效果如图 8-210 所示。发光文字效果制作完成，效果如图 8-211 所示。

图 8-209　　　　　　　　　　图 8-210　　　　　　　　　　图 8-211

8.4.2　"像素化"效果组

　　"像素化"效果组可以将图像中颜色相似的像素合并起来，产生特殊的效果，如图 8-212 所示。
　　"像素化"效果组中的效果如图 8-213 所示。

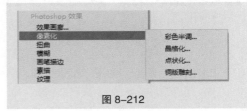

图 8-212

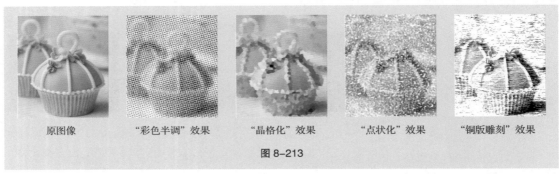

原图像　　　　　"彩色半调"效果　　　　"晶格化"效果　　　　"点状化"效果　　　　"铜版雕刻"效果

图 8-213

8.4.3　"扭曲"效果组

　　"扭曲"效果组可以对像素进行移动或插值来使图像达到扭曲效果，如图 8-214 所示。
　　"扭曲"效果组中的效果如图 8-215 所示。

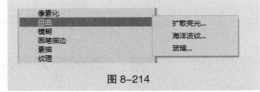

图 8-214

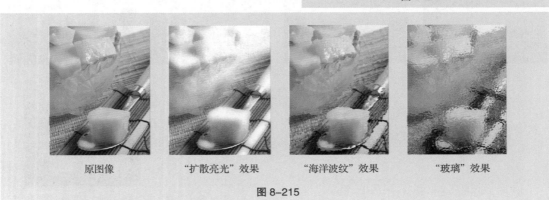

原图像　　　　　"扩散亮光"效果　　　　"海洋波纹"效果　　　　"玻璃"效果

图 8-215

8.4.4 "模糊"效果组

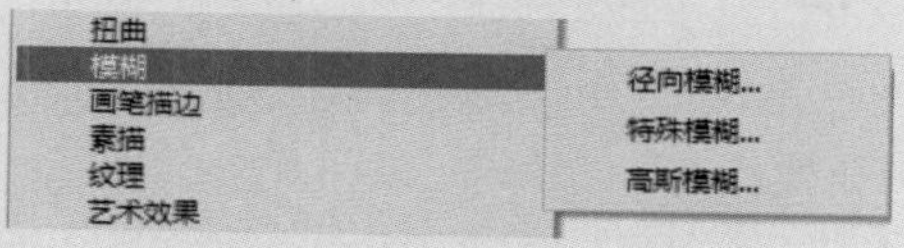

"模糊"效果组可以削弱相邻像素之间的对比度，使图像达到柔化的效果，如图 8-216 所示。其中的 3 个命令介绍如下。

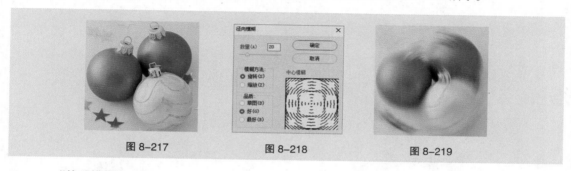

图 8-216

1. "径向模糊"命令

"径向模糊"命令可以使图像产生旋转或运动的效果，模糊的中心位置可以任意调整。

选中图像，如图 8-217 所示。选择"效果 > 模糊 > 径向模糊"命令，在弹出的"径向模糊"对话框中进行设置，如图 8-218 所示。单击"确定"按钮，图像效果如图 8-219 所示。

图 8-217   图 8-218   图 8-219

2. "特殊模糊"命令

"特殊模糊"命令可以使图像背景产生模糊效果，可以用来制作柔化效果。

选中图像，如图 8-220 所示。选择"效果 > 模糊 > 特殊模糊"命令，在弹出的"特殊模糊"对话框中进行设置，如图 8-221 所示。单击"确定"按钮，图像效果如图 8-222 所示。

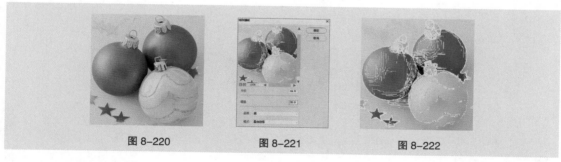

图 8-220   图 8-221   图 8-222

3. "高斯模糊"命令

"高斯模糊"命令可以使图像变得柔和，可以用来制作倒影或投影。

选中图像，如图 8-223 所示。选择"效果 > 模糊 > 高斯模糊"命令，在弹出的"高斯模糊"对话框中进行设置，如图 8-224 所示。单击"确定"按钮，图像效果如图 8-225 所示。

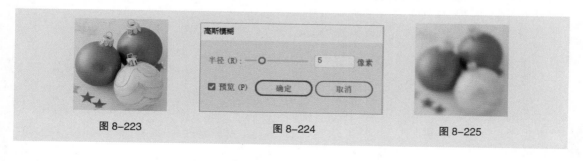

图 8-223   图 8-224   图 8-225

8.4.5 "画笔描边"效果组

　　"画笔描边"效果组可以通过不同的画笔和油墨设置产生类似绘画的效果，如图 8-226 所示。

　　"画笔描边"效果组中的各效果如图 8-227 所示。

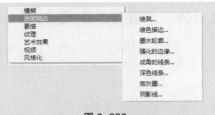

图 8-226

原图像	"喷溅"效果	"喷色描边"效果
"墨水轮廓"效果	"强化的边缘"效果	"成角的线条"效果
"深色线条"效果	"烟灰墨"效果	"阴影线"效果

图 8-227

8.4.6 "素描"效果组

　　"素描"效果组可以模拟现实中的素描、速写等美术方法对图像进行处理，如图 8-228 所示。

　　"素描"效果组中的各效果如图 8-229 所示。

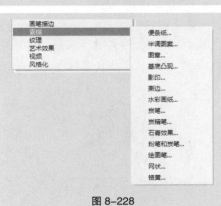

图 8-228

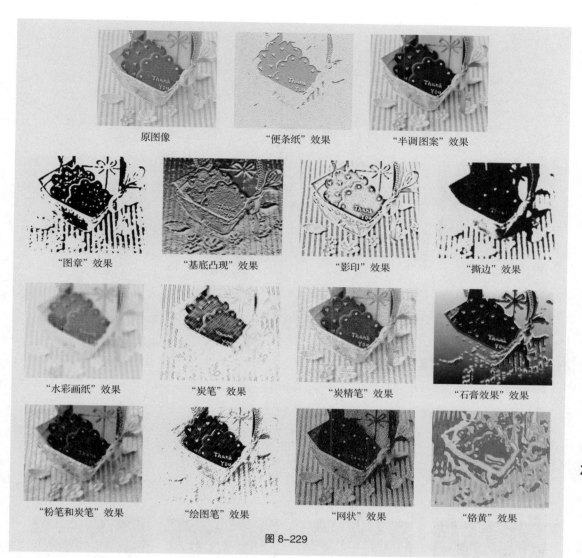

原图像　　　　　　　　　　"便条纸"效果　　　　　　　　　"半调图案"效果

"图章"效果　　　　"基底凸现"效果　　　　"影印"效果　　　　"撕边"效果

"水彩画纸"效果　　　　"炭笔"效果　　　　"炭精笔"效果　　　　"石膏效果"效果

"粉笔和炭笔"效果　　　　"绘图笔"效果　　　　"网状"效果　　　　"铬黄"效果

图 8-229

8.4.7　"纹理"效果组

　　"纹理"效果组可以使图像产生各种纹理效果，还可以利用前景色在空白的图像上制作纹理图，如图 8-230 所示。

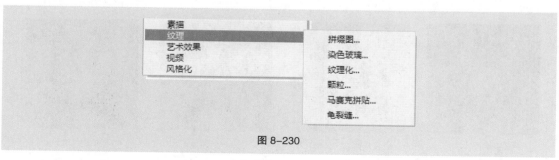

图 8-230

　　"纹理"效果组中的各效果如图 8-231 所示。

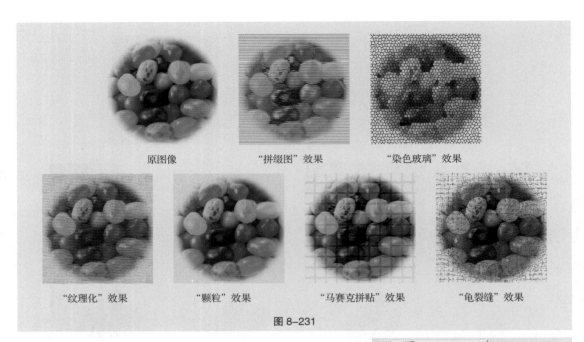

图 8-231

上排：原图像　"拼缀图"效果　"染色玻璃"效果

下排："纹理化"效果　"颗粒"效果　"马赛克拼贴"效果　"龟裂缝"效果

8.4.8　"艺术效果"效果组

　　"艺术效果"效果组可以模拟不同的艺术派别，使用不同的工具和介质为图像创造出不同的艺术效果，如图 8-232 所示。

　　"艺术效果"效果组中的各效果如图 8-233 所示。

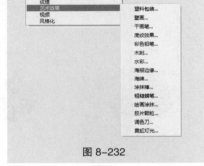

图 8-232

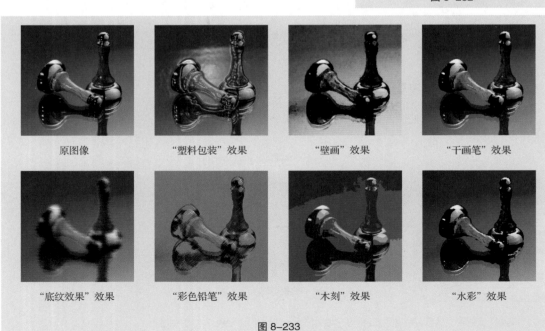

图 8-233

上排：原图像　"塑料包装"效果　"壁画"效果　"干画笔"效果

下排："底纹效果"效果　"彩色铅笔"效果　"木刻"效果　"水彩"效果

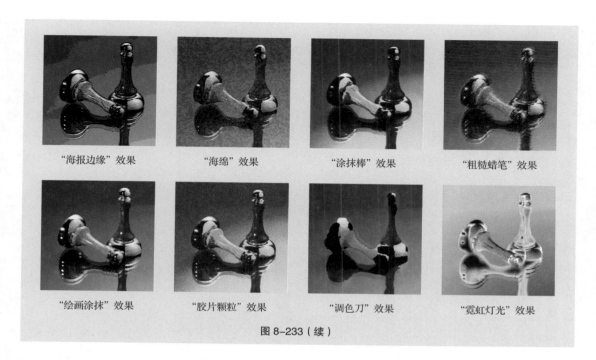

"海报边缘"效果　　　　　　"海绵"效果　　　　　　"涂抹棒"效果　　　　　　"粗糙蜡笔"效果

"绘画涂抹"效果　　　　　　"胶片颗粒"效果　　　　　　"调色刀"效果　　　　　　"霓虹灯光"效果

图 8-233（续）

8.4.9 "风格化"效果组

　　"风格化"效果组中只有一个效果，如图 8-234 所示。"照亮边缘"效果可以把图像中的低对比度区域变为黑色，高对比度区域变为白色，从而使图像上不同颜色的交界处产生发光效果。

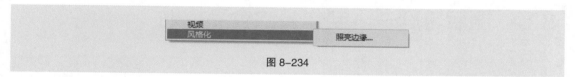

图 8-234

　　选中图像，如图 8-235 所示。选择"效果 > 风格化 > 照亮边缘"命令，在弹出的"照亮边缘"对话框中进行设置，如图 8-236 所示。单击"确定"按钮，图像效果如图 8-237 所示。

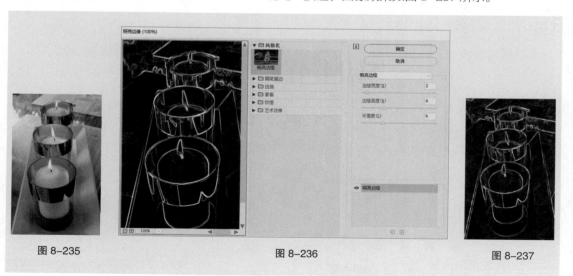

图 8-235　　　　　　　　　　　　　　　　图 8-236　　　　　　　　　　　　　　　　图 8-237

8.5 课堂练习——制作促销海报

【练习知识要点】使用文字工具、"封套扭曲"命令、渐变工具和"高斯模糊"命令添加并编辑标题文字；使用文字工具、"字符"控制面板添加宣传性文字；使用圆角矩形工具、"描边"命令绘制虚线框。效果如图 8-238 所示。

【效果所在位置】云盘 /Ch08/ 效果 / 制作促销海报 .ai。

图 8-238

8.6 课后习题——制作餐饮食品招贴

【习题知识要点】使用"置入"命令置入图片；使用文字工具、填充工具和"涂抹"命令添加并编辑标题文字；使用文字工具、"字符"控制面板添加其他相关信息。效果如图 8-239 所示。

【效果所在位置】云盘 /Ch08/ 效果 / 制作餐饮食品招贴 .ai。

图 8-239

▶ **本章介绍**

本章将结合多个应用领域商业案例的实际应用，按照项目背景、项目要求、项目设计、项目要点、项目制作的步骤进一步详解 Illustrator 的强大功能和制作技巧。使读者在学习各种实战商业案例并完成实际商业练习后，可以快速地掌握商业案例设计的理念和 Illustrator 的技术要点，从而可以设计制作出专业的案例。

知识目标

商业案例

● 了解 Illustrator 的常用设计领域。
● 掌握 Illustrator 在不同设计领域的使用技巧。

技能目标

● 掌握"美妆类 App 的 Banner 广告"的制作方法。
● 掌握"少儿读物书籍封面"的制作方法。
● 掌握"柠檬汁包装"的制作方法。

9.1 广告设计——制作美妆类 App 的 Banner 广告

9.1.1 【项目背景】

1. 客户名称

海肌泉有限公司。

2. 客户需求

海肌泉有限公司是一家涉足护肤、彩妆、香水等多个产品领域的化妆品公司。公司现新推出一款水润防晒霜，要求设计一个新的 App Banner 用于线上宣传。设计要求符合年轻人的喜好，给人清爽透亮的感觉。

9.1.2 【项目要求】

（1）广告的设计以产品实物为主导。

（2）设计插画元素来装饰画面，表现产品特色。

（3）画面色彩要明亮鲜丽，使用大胆而丰富的色彩，丰富画面效果。

（4）设计风格具有特色，版式活而不散，能够引起顾客的兴趣及购买欲望。

（5）设计规格均为 750 px（宽）×360 px（高），分辨率为 72 像素 / 英寸。

9.1.3 【项目设计】

本案例设计流程如图 9-1 所示。

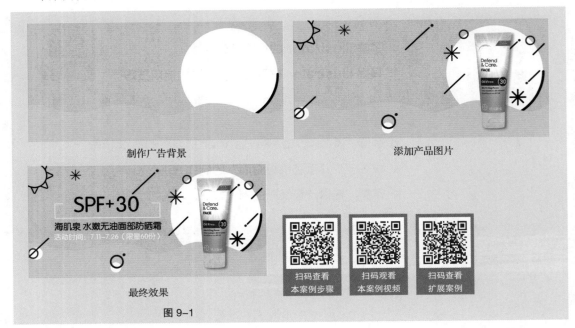

制作广告背景　　　　　　　　　　　添加产品图片

最终效果

图 9-1

扫码查看
本案例步骤　　　扫码观看
本案例视频　　　扫码查看
扩展案例

9.1.4 【项目要点】

使用矩形工具、钢笔工具绘制背景；使用椭圆工具、"描边"控制面板制作装饰圆；使用"置入"命令添加产品图片；使用"投影"命令为产品图片添加投影效果；使用文字工具添加广告信息；使用矩形工具、添加锚点工具和直接选择工具制作装饰框。

9.2　书籍封面设计——制作少儿读物书籍封面

9.2.1　【项目背景】

1. 客户名称

云谷子书局股份有限公司。

2. 客户需求

云谷子书局是一家集图书、期刊和网络出版为一体的综合性出版机构。公司现准备出版一本新书《爸爸你是我的超级英雄》，要求为该书籍设计封面。设计元素要能够体现出温馨和睦的氛围，符合书籍特色。

9.2.2　【项目要求】

（1）书籍封面的设计要简洁而不失活泼，避免呆板。

（2）设计要具有针对性，突出书籍特色。

（3）色彩的运用简洁舒适，在视觉上能吸引人们的眼光。

（4）要留给人想象的空间，使人产生阅读的欲望。

（5）设计规格均为 350mm（宽）×230mm（高），分辨率 300 像素 / 英寸。

9.2.3　【项目设计】

本案例设计流程如图 9-2 所示。

制作封面　　　　　　　制作封底　　　　　　　最终效果

图 9-2

9.2.4 【项目要点】

使用参考线分割页面；使用文字工具、"字符"控制面板添加并编辑书名；使用椭圆工具、"路径查找器"命令、"高斯模糊"命令制作装饰图形；使用钢笔工具、文字工具、路径文字工具和填充工具制作标签；使用文字工具、直排文字工具和"字符"控制面板添加其他相关信息。

9.3 包装设计——制作柠檬汁包装

9.3.1 【项目背景】

1. 客户名称

康果益食品有限公司。

2. 客户需求

康果益是一家以干果、茶叶、饮料和速溶咖啡等食品的研发，分装及销售为主的食品企业，致力为客户提供高品质、高性价比、高便利性的产品。公司现需要制作一款柠檬汁包装，在画面制作上要清新有创意，符合公司的定位与要求。

9.3.2 【项目要求】

（1）包装使用卡通绘图，给人活泼和亲近感。

（2）画面排版主次分明，增加画面的趣味性和美感。

（3）整体色彩应体现出新鲜清爽的特点，给人健康有活力的印象。

（4）整体设计应简单大方，易使人产生购买欲望。

（5）设计规格均为297mm（宽）×210mm（高），分辨率300像素/英寸。

9.3.3 【项目设计】

本案例设计流程如图9-3所示。

制作包装平面展开图　制作包装立体展示图　　　　　　　最终效果

图9-3

扫码查看　扫码观看　扫码观看　扫码观看　扫码查看
本案例步骤　本案例视频1　本案例视频2　本案例视频3　扩展案例

9.3.4 【项目要点】

使用矩形工具、渐变工具和"剪切蒙版"命令制作包装底图；使用文字工具、"字符"控制面板、变形命令、直线段工具、整形工具和填充工具添加产品名称和信息；使用钢笔工具、"剪切蒙版"命令和"后移一层"命令制作包装立体展示图。

9.4　课堂练习——制作阅读平台推广海报

9.4.1 【项目背景】

1. 客户名称

Circle。

2. 客户需求

Circle 是一个以文字、图片、视频等多媒体形式，实现信息即时分享、传播互动的网络平台。平台现需要制作一款宣传海报，以宣传教育咨询为主要内容，要求内容明确清晰，展现品牌品质，能够适用于平台传播。

9.4.2 【项目要求】

（1）海报内容以书籍的插画为主，将文字与图片相结合，表明主题。

（2）色调淡雅，带给人平静、放松的视觉感受。

（3）画面干净整洁，使观者体会到阅读的快乐。

（4）设计能够让人感受到品牌的风格，产生咨询的欲望。

（5）设计规格为 750 px（宽）×1181 px（高），分辨率 72 像素 / 英寸。

图 9-4

9.4.3 【项目设计】

本案例设计效果如图 9-4 所示。

9.4.4　【项目要点】

使用"置入"命令、"不透明度"选项添加海报背景；使用直排文字工具、"字符"控制面板、"创建轮廓"命令、矩形工具和"路径查找器"控制面板添加并编辑标题文字；使用直接选择工具、删除锚点工具调整文字；使用直线段工具、"描边"面板绘制装饰线条。

9.5　课堂练习——制作洗衣机网页 Banner 广告

9.5.1　【项目背景】

1. 客户名称

文森艾德。

2. 客户需求

文森艾德是一家综合网上购物平台，商品涵盖家电、手机、电脑、服装、百货、海外购等品类。平台现新推出一款静音滚筒洗衣机，要求进行网页 Banner 广告设计，用于平台宣传及推广。设计要符合现代设计风格，给人沉稳干净的印象。

9.5.2　【项目要求】

（1）画面设计以产品图片为主体。

（2）使用直观醒目的文字来诠释广告内容，表现商品特色。

（3）画面色彩要给人清新干净的感受。

（4）画面版式应沉稳且富于变化。

（5）设计规格均为 1920 px（宽）×800 px（高），分辨率为 72 像素 / 英寸。

9.5.3　【项目设计】

本案例设计效果如图 9-5 所示。

图 9-5

9.5.4 【项目要点】

使用矩形工具和填充工具绘制背景；使用"置入"命令添加产品图片；使用钢笔工具、"高斯模糊"命令制作阴影效果；使用文字工具添加宣传性文字。

9.6 课后习题——制作速益达科技 VI 手册

9.6.1 【项目背景】

1. 客户名称

速益达科技有限公司。

2. 客户需求

速益达是一家主要经营各种电子游戏的开发、出版以及销售业务的游戏公司。公司现需要制作一套 VI 手册，包括办公用品系列、标识系列、广告系列等多件产品。要求设计符合现代科技风格，给人高端智慧的感觉。

9.6.2 【项目要求】

（1）标志设计以蓝色和红色作为标准色。

（2）整套 VI 要具有识别性、系统性和统一性。

（3）标准字的设计要求具有可读性、识别性和设计性。

（4）整体画面版式沉稳有科技感。

（5）设计规格均为 210mm（宽）×297mm（高），分辨率为 300 像素 / 英寸。

9.6.3 【项目设计】

本案例设计效果如图 9-6 所示。

9.6.4 【项目要点】

使用"显示网格"命令显示或隐藏网格；使用椭圆工具、钢笔工具和"分割"命令制作标志图形；使用矩形工具、直线段工具、文字工具、填充工具制作模板；使用"对齐"面板对齐对象；使用矩形工具、"扩展"命令、直线段工具和"描边"命令制作标志预留空间；使用矩形工具、混合工具、"扩展"命令和填充工具制作标准色块；使用直线段工具和文字工具对图形进行标注；使用"建立剪切蒙版"命令制作信纸底图；使用绘图工具、"镜像"命令制作信封；使用"描边"控制面板制作虚线效果；使用多种绘图工具、渐变工具和"复制 / 粘贴"命令制作员工胸卡；使用倾斜工具倾斜图形。

标志设计

模板 A

模板 B

标志墨稿

标志反白稿

扫码观看
本案例视频

扫码观看
本案例视频

扫码观看
本案例视频

扫码观看
本案例视频

扫码观看
本案例视频

标志预留空间与
最小比例限定

企业全称中文字体

企业全称英文字体

企业标准色

企业辅助色系列

扫码观看
本案例视频

扫码观看
本案例视频

扫码观看
本案例视频

扫码观看
本案例视频

扫码观看
本案例视频

名片

信纸

信封

传真纸

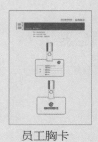
员工胸卡

文件夹

扫码观看
本案例视频

扫码观看
本案例视频

扫码观看
本案例视频

扫码观看
本案例视频

扫码观看
本案例视频

扫码观看
本案例视频

图 9-6